부아메라의 기적

100세 건강을 위한

부아메라의 기적

송봉준 지음

모아북스
MOABOOKS

1

부아메라는 천연 항산화제

천혜의 자연, 남태평양 태고의 원시림인
인도네시아 파푸아 뉴기니 섬에서
문명과 동떨어진 고산지대에서만 자생하는
신비의 붉은 과일!
와메나 지역 장수 부족들이 수백 년간 섭취한
천연 약용식물!
천연 항산화제!

이런 분께 좋습니다!

폐렴 등 폐 질환으로 고통받고 계신 분

코로나 후유증으로 고생하시는 분

흡연으로 폐기능이 약해진 분

기침이 자주 나고 기관지염으로 힘드신 분

천식으로 숨쉬기 힘드신 분

매연, 공해, 유해가스에 자주 노출되는 분

미세먼지, 초미세먼지로 답답함을 느끼시는 분

가벼운 운동에도 숨이 차시는 분

가래, 기침이 심하신 분

호흡기 질환이 있으신 분

평상시 목을 많이 사용하는 직종에 종사하는 분

환절기마다 기관지 질환에 걸리는 분

실외에서 오래 일하시는 분.

3

폐 질환과 건강 챙기기

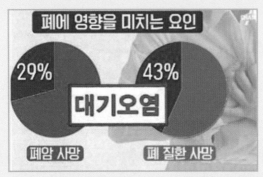

출처: 세계보건기구

오염된 대기와 미세먼지 속의 중금속

: 세계보건기구에서 발표한 1급 발암물질!

미세먼지 농도 높은 지역에서 폐암과 폐 질환 사망률 증가

한국인의 암 중 폐암 발병률 1위!

남성의 암 중에서 1위

여성의 암 중에서 4위

출처: 중앙암등록본부, 2020

4

폐암의 원인

암 중에서 가장 높은 사망률과 가장 낮은 생존률

폐암의 가장 큰 원인은?

- 직접흡연과 간접흡연 : 전체의 약 85퍼센트를 차지
- 대기오염, 환경오염, 황사, 미세먼지, 초미세먼지 : 발암물질
- 눈에 보이지 않는 주변의 발암물질들 : 작업장에서 접하거나 흡입
  하는 석면, 방사선, 라돈, 비소, 크롬산염, 니켈, 클로로메틸에테르 등
- 주방에서 조리할 때 발생하는 연기 등

현대인은 누구도 발암물질 노출을 피할 수 없다!

건강 증진을 위한 방안

첫째, 세포가 건강해야 암에 걸리지 않는다.

둘째, 만성 염증을 제거해야 치유에 이른다.

셋째, 체내 유해산소를 제거해야 만병이 치료된다.

항산화 성분의 충분한 섭취가 건강 증진의 핵심 방안!

천연 식물성 식품의 베타카로틴과

베타크립토잔틴 성분에 주목

폐 건강과 세포 건강 활성화에 도움을 주는 기적의 성분

베타크립토잔틴의 강력한 암 예방 효과

염증을 제거하고 세포 기능 정상화

6

부아메라의 놀라운 핵심 효능

전 세계 의학계에서 화제가 된
부아메라의 베타크립토잔틴 함유량

: 오렌지의 76배, 귤의 22배, 파파야의 15배, 땅콩호박의 2.5배 함유

출처: 미국 USDA 데이터베이스

〈부아메라 주요 성분〉

베타크립토잔틴, 베타카로틴, 토코페롤, 식물성 오메가-3, 6, 9, 칼슘,
플라보노이드, 비타민A, 프로비타민A

흡연과 초미세먼지에 의한 호흡기 및 폐 질환 예방 효과 입증
폐암의 암세포 증식 속도 억제 효과 입증

- 의학적 기능-

폐 건강, 호흡기 질환, 천식, 기침, 혈행 개선, 심장 질환, 혈액 순환,
당뇨병, 골다공증, 퇴행성 관절염, 피부 염증, 눈 건강, 탈모 예방,
세포 손상 억제, 만성 피로 등.

부아메라는 천연 항산화제입니다

현대인에게 건강한 삶의 중요성은 점점 더 커지고 있습니다. 20세기의 삶이 굶주림을 해결하고 생존하기 위한 몸부림이었다면 이제는 건강하고 질 좋은 삶을 추구하는 것이 모두의 관심사가 되었습니다.

산업과 경제가 발전하고 먹을 것이 풍부해지며 의학이 발달한 덕분에 이제 한국인도 세계 각국 사람들과 비교해 평균수명과 기대수명이 예전보다 길어지게 되었습니다. 전에는 환갑이 되면 크게 잔치를 벌이고 가족들이 장수와 건강을 기원해주었지만, 요즘에는 60대를 노인의 범주에 넣는 것은 왠지 어색한 시대가 되었습니다.

그러나 기대수명이 길어진 만큼 건강하게 살고 있는지는 의문입니다. 수명이 길어진 만큼 크고 작은 각종 질병에 시달리며 병원과 약에 의존하며 긴 세월을 보내는 사람이 많아지고 있기 때문입니다. 이는 잘못된 생활 습관뿐만 아니라 예전보다 다양해진 오염물질로 인해 인체가 공격을 받고 있기 때문입니다.

따라서 우리는 청년에서 중장년, 노년에 이르기까지 짧지 않은 삶을 건강하게 영위하기 위해 건강의 기본 원리를 이해하고, 일상 생활에서 건강을 증진시킬 방법을 찾아야 합니다. 즉, 각종 질병으로부터 자유로운 삶을 살아야 합니다.

그러려면 무엇을 염두에 두어야 할까요? 이 책에서는 '부아메라'라는 열대과일의 천연 항산화 기능을 통해 질병과 건강에 대한 명쾌한 답을 찾고자 합니다.

지구상에 있는 수많은 식물에는 다른 동물의 생명을 유지시키고 건강을 증진시키는 데 필요한 다양한 성분이 함유되어 있습니다. 현대의학이 지금처럼 발달하기 훨씬 전부터 인류는 주변에 있는 식물의 잎과 줄기, 뿌리, 그리고 열매에서 필수 영양분을 얻거나 질병 치유와 해독에 필요한 성분을 구하며 살아왔습니다.

식물 속에는 사람 몸속의 유해물질을 제거하고 영양소를 채워주는 성분이 가득합니다. 특히 한국인은 예로부터 산이 많은 척박한 환경에서 나물 등 식물성 재료로 만든 음식물을 다양하게 응용하여 섭취하는 지혜를 발휘하였습니다.

식물로부터 얻을 수 있는 수많은 성분 중에서도 파이토케미칼, 베타카로틴, 베타크립토잔틴 등은 강력한 항산화 물질입니다. 이들은 체내 유해산소를 제거해주고 노화를 방지하며 각종 질병을 예방 및 치료할 수 있는 탁월한 기능을 가지고 있습니다.

그래서 오늘날 전 세계에서는 식물 속에 함유된 항산화 물질들을 건강 증진 기능에 활용하고자 하는 연구와 산업이 활성화되고 있습니다. 그중에서 파이토케미칼, 베타카로틴, 베타크립토잔틴 등의 물질을 어느 식물보다 풍부하게 함유한 '부아메라' 라는 열대과일을 발견했고, 이 과일의 놀라운 효능에 대해 주목하게 된 것입니다.

부아메라는 남태평양에 있는 파푸아 뉴기니 섬의 고산지대에서만 자생하는 붉은색 과일로, 오래 전부터 이 지역 원주민들은 이 과일을 섭취하며 다양한 증상을 치료하고 질병을 예방했습니다. 이 지역 원주민들은 최근까지도 원시 풍습을 유지하고 있는데, 문명과 현대의학의 영향을 거의 받지 않았음에도 불구하고 유독 다른 부족들보다 건강한 삶을 영위해왔습니다. 그 비밀이 부아메라의 섭취에 있음을 밝혀낸 이후, 이미 선진국에서는 2000년대 초반부터 부아메라의 의학적 효능을 연구하기 시작하여 식품으로 널리 활용하고 있습니다.

부아메라는 탁월한 항산화, 항염 기능을 가져 특히 폐암을 비롯한 각종 폐 질환 예방과 치료, 당뇨 및 염증성 질환, 면역 질환 개선에 의학적 효과가 있음이 밝혀졌습니다.

건강을 유지하고 질병을 예방 및 치유하고자 애쓰는 분들이 많습니다. 하지만 무엇이 몸에 좋고 무엇이 몸에 해로운지를 알면서도 정작 일상생활에서 잘 실천하지 못하거나 섭취에 어려움을 호소하는 경우도 부지기수입니다.

부아메라와 함께 건강을 증진하여 노년기까지 활기차고 행복한 삶을 영위해 나가고자 하는 분들이 이 책을 통해 더욱 많아지기를 기원합니다.

송봉준

이 책은 다음과 같은 구성을 바탕으로 부아메라를 통한 건강법을 제시하고자 합니다.

첫째, 1장과 2장에서는 단순히 '오래' 사는 것이 아니라 '오래 건강하게' 사는 건강의 원리에 대한 이해와 더불어, 질병의 발생을 근본적으로 예방하고 발생한 질병을 다스릴 수 있는 가장 필수적인 천연물질이 무엇인지에 대해 안내하고자 합니다.

1장 건강에 대한 견해

물질적으로 풍족해져 굶주리지 않고 잘 먹을 수 있게 되었음에도 불구하고 현대인은 더 다양한 질병에 더 오래 시달리고 있습니다. 현대인의 각종 질병은 체내 유해산소를 적절히 제거하지 못함으로써 생기는 경우가 많으며, 예전과 다른 환경 요인의 변화와 악화로 인해 끊임없이 새로운 질병이 생기고 있습니다. 질병의 근본 원리를 이해함으로써 건강을 유지하고 증진하는 해법을 찾아봅니다.

2장 내 몸을 보호하는 비결은?

모든 질병의 근원이 되는 체내 유해산소와 체외에서 유입된 유해 물질로부터 탈출하기 위해서는 항산화 물질에 주목할 수밖에 없습니다. 사실 항산화 물질은 우리가 자주 섭취하는 식물에서 찾을 수 있는데, 식물의 비밀 병기와도 같은 파이토케미칼을 비롯해 베타카로틴과 베타크립토잔틴이 건강의 열쇠가 됩니다. 이 물질들이 우리 몸을 보호하는 원리에 대해 알아봅니다.

둘째, 3장과 4장에서는 파푸아 뉴기니 섬의 한 지역에서만 자생하는 붉은 열매인 부아메라의 정체와 건강 증진 기능에 대해 다각도로 소개하려 합니다. 오랜 세월 동안 부아메라를 섭취하고 살아온 이 지역 원주민들은 일찍이 이 과일의 효능에 대해 잘 알고 있었습니다. 현대 의료진의 연구와 임상 조사를 통해 밝혀진 부아메라의 다양한 효능과 과학적인 근거를 함께 소개합니다.

3장 부아메라의 비밀

전 세계에서 오로지 남태평양 파푸아 뉴기니 섬 고산지대에서만 자생하는 부아메라는 커다란 옥수수를 닮은 진한 붉은 색깔의 과일입니다. 이 지역 원주민들은 건강식품이자 정력증진식품으로도 이 과일을 일상에서 섭취하며 살아왔습니다. 이에 현대의 의학연구자들이 부아메라의 성분을 분석하고 질병 치료 효과를 과학적으로 입증하였는데, 어떤 효과가 있는지에 대해 알아봅니다.

4장 부아메라의 건강 증진 기능은 무엇인가?

현대 과학에 의한 정밀한 연구 결과 부아메라에는 항산화 물질이 놀라울 정도로 많이 들어 있다는 것이 밝혀졌습니다. 특히 폐암과 폐 질환 개선에 효과적인데, 이는 초미세먼지와 각종 생활환경 오염, 코로나 바이러스 창궐 등으로 인해 공격받고 있는 현대인의 폐 건강과 면역 기능 증진에 놀라운 효과를 발휘한다는 의미입니다. 또한 염증성 질환과 당뇨, 심혈관계 질환을 예방하는 데에도 효과적입니다.

셋째, 5장에서는 부아메라를 일상생활에서 섭취하려고 할 때 생기는 궁금증과 실제 섭취 사례를 모았습니다.

앞서 자세히 설명한 내용이지만 추가로 궁금한 점과 섭취 시 주의해야 할 점, 실제 경험한 분들의 이야기를 핵심만 모아 소개해 놓았습니다.

5장 무엇이든 물어보세요

부아메라를 어떤 형태로 얼마만큼의 분량을 섭취하면 좋은지, 주의할 점은 없는지에 대한 궁금한 점을 모았습니다. 그리고 섭취 후 건강 증진 효과를 몸소 경험한 분들의 생생한 사례를 모아 정리해 놓았습니다.

3장 부아메라의 비밀

4장 부아메라의 건강 증진 기능은 무엇인가?

5장 무엇이든 물어보세요

1장

건강에 대한 견해

1. 건강의 원리 제대로 알기

당신이 알고 있는 의학 상식은 과연 의심의 여지가 없는 것인가?

건강한 상태란 무엇이고, 치유란 무엇이며, 어떤 것이 진정한 의학이라고 생각하고 있는가? 어딘가 아프면 병원에 가고, 증상을 없애는 약을 먹거나 해당 부위를 제거하는 행위를 치료라고 생각하고 살아오지는 않았는가?

이제 우리는 이러한 질문에 대해 생각해볼 필요가 있다. 왜냐하면 현대의학이 질병과 건강의 근본 원리에 대해 치명적인 오류를 범하고 있다는 주장이 제기되고 있기 때문이다.

20세기 이후 서양 현대의학은 엄청난 발전을 거듭해왔다. 각종 질병이나 부상에 대한 시술이 발전했고, 여러 세대에 걸쳐 수많은 약물이 개발되었다. 병에 걸리면 병원에 가고 약을 먹는 것이 건강을 위해 가장 필요한 것이라고 믿어왔다.

물론 현대의학이 질병 연구와 치료 개발을 통해 인류의 생존율을 높이고 사망률을 낮추며 많은 기여를 해온 것은 사실이다. 그러나 또 한 가지 명백한 사실은, 서양에서 발달한 의학이 건강과 질병에 대한 근본 원리를 바탕으로 한 것은 아니라는 점이다. 오히려 건강의 원리와 정반대일 수도 있다.

진정한 치유와 예방이란 무엇인가?

현대의학은 많이 발전하기도 했지만 한계도 많다.

누구나 걸리는 감기도 예방법과 치료법을 아직까지 밝혀내지는 못했다. 감기에 걸리면 감기약을 먹으면 되지 않느냐고 할 수도 있다. 그러나 감기약은 감기에 두 번 다시 걸리지 않게 해주지도 못하고 감기로부터 치유시켜주지도 못한다. 그저 감기로 인한 증상을 억제하거나 완화할 뿐이다.

암이나 치매, 각종 만성 질환과 난치성 질병들도 치료법을 알아내지 못한 질병들은 너무나도 많다. 질병의 정복은 아직까지 요원하다.

그렇다면 질병이란 정확히 무엇을 의미하는가?

생명체의 기능을 방해하는 모든 것을 질병이라고 한다면, 질병도 우주 만물의 원리를 바탕으로 할 수밖에 없다. 자연 그대로의 생리작용이 그것이다.

자연의 법칙에 의하면 무언가가 더러워지면 더러움을 씻어내려는 기능이 작동하고, 무언가가 막히면 그것을 뚫으려는 기능이 작동하게 마련이다. 최근 환경오염과 기후위기로 지구 곳곳에서 이상 기후 현상이 일어나고 있지만, 사실 이것은 더러워지고 비정상이 된 지구 환경을 정화하려는 자연의 이치와 부합한다. 우리가 사는 집에 먼지가 쌓여 생활하기가 불편해지면 환기를 하고 빗자루로 쓸고 먼지를 털어 청소를 하는 것과 마찬가지다.

인간을 포함한 모든 유기체도 마찬가지다. 우리 몸에도 다양한 원인에 의해 비정상적으로 더럽거나 독이 되는 물질이 쌓일 수 있는데, 해로운 것이 쌓이면 그것을 배출하고 정화하려는 작용이 발생한다. 동물과 인간의 몸은 이를 위한 완벽하고 경이로운 시스템을 갖추고 있다.

이때, 해로운 것을 배출하고 정화하려는 과정에서 발생하는 것이 바로 질병이다. 정화 과정에서 나타나는 현상들이 질병의 여러 증상들이다.

치유는 자연의 원리에 의한 것

쓰레기를 없애기 위해 불에 태울 때는 열이 발생한다. 인간의 육체도 이와 마찬가지이다.

인간의 몸이라는 시스템에 외부에서 침입자가 들어오거나 어떤 원인에 의해 더럽고 해로운 물질이 쌓이면, 그때부터 인체는 자체적으로 그것들을 막아내고 정화하는 작용을 거친다. 그 과정에서 열이 발생하는데, 그것이 통증과 발열이다. 그리고 노폐물도 발생하는데, 액체로 된 콧물, 땀, 고름, 가래, 소변 등이 그것이다. 이러한 쓰레기들이 몸 밖으로 배출되면서 노폐물이 줄어들고 독소가 정화되는 것이 인체의 치유 과정이요, 원리다.

단, 이 정화 과정에는 통증이 수반된다. 해당 부위에서 전투가 벌어지고 열로 소각을 하기 때문이다. 그러니 병에 걸리면 아프고 고통스러울 수밖에 없다. 이 과정을 마치고 나면 몸은 원래 기능을 되찾는다. 그리고 다음 공격에 대항하는 능력이 더욱 강해진다.

따라서 질병이란 몸을 원래 상태로 되돌리고 건강하게 유지하기 위한 자연의 생리 작용이라 할 수 있다. 강물이 아래로 흐르고 태풍이 나타났다 소멸하는 것처럼 너무나도 자연스러운 이치다.

천연 식품으로 되돌아가는 이유

그러나 이 자연스러운 원리를 정반대로 해석한 것이 바로 현대의학의 의학적 원리라고 할 수 있다. 현대의학은 근본적으로 질병의 자연 치유 과정에서 벌어지는 정화 작용을 없애거나 억제하거나 통증을 덜 느끼도록 하는 데 초점을 맞추기 때문이다. 어쩌면 자연의 원리에 거스르는 시술을 하거나 인위적으로 약물을 주입한 것이 현대의학의 반복된 역사라고 해도 과언이 아닐 것이다.

서구 사회에서 발달한 현대의학은 건강의 원리에 대해 자연을 거스르는 이치를 갖고 있다. 그로 인한 한계에 대해서도 점차 많은 전문가들이 인정하고 있으며, **인류가 오랜 세월 전승해온 치유의 근본 원리에 대해 다시 주목하고 있다. 치유를 위해 인위적인 약물이 아닌 천연 식**

품에 주목하고, 증상의 제거가 아닌 생활 습관의 변화에 더 주목하는 이유가 여기에 있다.

인류 건강의 미래를 협소한 현대의학에만 의존하는 것은 이제 한계에 다다랐다. 우리는 무엇이 건강과 치유를 위한 방법인지 제대로 인식해야 한다.

2. 인간은 얼마나 오래 건강하게 살 수 있을까?

　의학의 발달에 따라 현대인의 기대수명과 실제 수명은 점차 늘어나고 있다.

　1997년에 사망한 프랑스 여성 잔 루이즈 칼망은 당시 122세였는데, 오늘날 '백세 시대' 라는 말은 그저 비유가 아닌 현실이 되어가는 추세이다. 우리나라에서도 노인의 기준 나이를 좀 더 상향 조정해야 한다는 주장이 지속적으로 대두되고 있다.

　전문가들은 인간의 생물학적 수명을 약 120세 정도로 보고 있다. 그러나 앞으로 의학 발달에 따라 이 한계치를 극복할 수 있을지 연구가 계속 되고 있다고 한다.

　그런데 우리 삶에서 수명 자체보다 중요한 것은 '얼마나 건강하게 오래 사느냐' 하는 문제다. 아무리 100세까지 산다 하더라도 질병에 시달리며 병석에 누워 노년기의 수십 년을 보내고 싶은 사람은 아무도 없기 때문이다.

예전보다 오래 살지만 오래 아프다

최근 보건복지부의 2023년 자료(OECD 보건통계(Health Statistics, 2023))에 따르면 한국인의 '기대수명'은 83.6년으로 OECD 국가 평균(80.3년)보다 높아 상위권을 기록한 것으로 알려졌다.

2010년 한국인의 기대수명이 80.2년으로 OECD 38개국 중 21위로 중하위권이었던 것과 비교해 보면, 10여 년 만에 순위가 급상승했다.

그러나 질병을 앓는 기간을 제외한 '건강수명'의 경우, 통계청 자료에 따른 2020년 수치가 66.3년으로, 65.7년을 기록한 2012년에 비해 크게 늘어나지 않은 것을 알 수 있다.

즉, 예전보다 더 오래 살게 되었다고 해서 예전보다 더 건강하게 살게 되었다고 보기에는 무리가 있다. 오히려 노년기에 접어들어 약 17년을 질병과 투병하며 보낸다는 것이다. 그래서 일각에서는 이를 '장수의 저주'라 부르기도 한다.

그렇다면 이제 우리는 자신에게 남은 삶을 얼마나 건강하게 살 것인가에 관심을 기울여야 한다.

현대의학의 첨단 발달로 인해 많은 질병을 극복할 수 있게 되었다고는 하지만 여전히 우리는 암과 고혈압, 당뇨와 같은 난치병부터 감기나 코로나 바이러스 감염증까지 다양한 질병과 싸우고 있다.

암이나 치매 같은 병으로 인해 중년기부터 노년기 내내 평생 약물 치료를 해야 하는 삶을 산다면 어떻겠는가?

'얼마나 오래 살 것인가'의 문제보다 '얼마나 건강하게 살 것인가'의 문제가 우리에게는 더 절실할 것이다.

유병장수가 아닌 무병장수가 관건

첨단과학과 첨단의학의 시대를 살고 있는 오늘날에도 건강이라
는 주제는 여전히 풀지 못한 숙제다. 암 완치율이 과거보다 높아졌
다고는 해도 우리는 아직 암을 극복하지 못했다. 굶주리지 않고 먹
을 것이 풍족해졌다고는 하지만 그 대신 각종 성인병과 환경오염으
로 인한 질병에 시달린다.

**생로병사는 자연스러운 과정이다. 모든 인간은 태어나서 늙고 병들고
죽는다. 의학적으로 보면 호르몬 변화와 체내 유해산소의 증가로 인해
노화가 이루어지고, 환경과 여러 요인으로 인해 질병이 생긴다.**
호르몬의 변화가 어쩔 수 없는 자연의 섭리임에 반해, 체내
유해산소의 증가와 환경으로 인한 악영향은 노력하면 분명히
줄일 수 있다.

따라서 우리는 얼마나 오래 살 것인가가 아니라 얼마나 건강하게
살 것인가에 초점을 맞추어야 한다. 노화와 질병을 재촉하는 요인
을 최소한으로 줄이고, 노화와 질병을 막는 요인을 최대한 우리 삶
에서 늘려나가야 한다.

3. 누구도 만성질환의 예외가 될 수 없는 이유

지구 전체의 환경오염과 도시의 대기오염이 만연함에 따라 이제 우리는 안전한 환경에서 살 수 없게 되었다.

오염된 공기와 물, 생활 속에서 섭취하거나 접촉하는 다양한 화학물질, 미세먼지와 초미세먼지로 인해 아무도 만성질환에 시달릴 위험에서 자유로울 수 없다. 이미 상당수의 현대인은 원인불명의 난치성 질환에 시달리고 있는 것이 사실이다.

먹는 것, 마시는 것, 피부에 닿는 모든 것, 그리고 호흡하는 공기 속의 유해물질은 우리의 호흡기, 피부, 소화기관을 통해 체내에 침투하여 온갖 종류의 염증과 질병의 원인이 된다. 이는 특히 21세기 들어 심각한 세계적 현상이 되고 있다.

미국 서던캘리포니아대학의 2005년 연구 결과에 의하면 대기 중 초미세먼지 농도가 증가할수록 동맥경화 발병 위험도 높아지는 것으로 나타났다. 초미세먼지는 입자의 지름이 2.5㎛(마이크로미터) 이

하인 것, 미세먼지는 10㎛ 이하인 것을 가리키는데, 미세먼지는 각종 호흡기 질환의 직접적인 원인일 뿐만 아니라 혈관으로도 침투해 심장 질환까지 유발한다.

미세먼지는 자동차 배기가스 및 화석 연료를 사용한 공장 매연 등에서 발생하며, 황산염, 질산염, 암모니아, 탄소화합물, 금속화합물 등 다양한 종류의 유해물질이 들어 있다. 미세먼지만으로도 인체에 치명적으로 위험한데, 그에 비해 초미세먼지는 미세먼지보다 크기가 4분의 1 이하로 작으므로 단기간만 노출되어도 심각한 악영향을 끼친다. 입자가 큰 먼지는 기관지에서 걸러지지만, 미세먼지와 초미세먼지는 기도에서도 걸러지지 못하고 폐포까지 침투해 들어오기 때문이다.

미세먼지는 흡연만큼 폐 질환에 치명적

미세먼지와 초미세먼지로 인한 일차적인 피해를 입는 기관은 당연히 호흡기와 폐다. 상대적으로 입자가 큰 미세먼지는 우선 폐와 호흡기에 건강에 치명적이다.

폐 기능을 망가뜨리고 폐암을 유발하는 가장 큰 주범이 과거에는 흡연이었지만, 요즘에는 흡연만큼 주요 원인으로 지목되는 것이 바로 미세먼지다. 세계보건기구 발표 자료를 보면 매년 흡연으로 사망하는 인구가 한 해 약 800만 명인데 비해 공기오염 때문에 사망하는 인구는 약 700만 명에 이를 정도로 심각하다.

이는 우리나라도 마찬가지다. 미세먼지 농도가 높아질수록 호흡기 질환 환자의 수가 비례하여 증가하며, 폐렴으로 인한 입원 환자 수가 늘어난다. 고령자나 어린이, 천식이나 만성 폐쇄성 폐질환 환자 등 만성적인 호흡기질환 환자의 경우 대기 중 미세먼지 농도에 따라 폐 건강에 직격탄을 맞는다. 궁극적으로 폐암 위험률도 높아진다.

미세먼지는 심장과 뇌혈관에도 침투

미세먼지와 초미세먼지의 심각성은 폐 질환 유발을 넘어 혈관에도 침투하여 체내 정상적인 환경을 망가뜨린다는 데 있다. 미세먼지가 주로 호흡기질환과 폐 질환을 유발하는 데 비해, 초미세먼지는 폐포 및 체외 점막을 통해 혈관을 타고 몸속까지 깊이 침투한다. 심장을 통해 혈관을 타고 퍼지므로 이는 심혈관질환, 심장질환, 동맥경화의 직접적인 원인이 되며 나아가 뇌혈관까지 침투해 뇌질환을 일으킨다.

세계보건기구에 의하면 미세먼지로 인한 사망자를 원인별로 살펴보았을 때 심장질환과 뇌졸중의 비율이 각각 40퍼센트로 총 80퍼센트를 차지

하는 것으로 나타났다. 뇌졸중은 우리나라에서도 매년 사망 원인 상위권을 차지하는 치명률이 높은 질병이다. 암, 심장병, 폐렴, 뇌졸중은 가장 주된 사망 원인으로 꼽힌다.

초미세먼지는 동맥경화와 심근경색, 고혈압의 직접적인 원인으로도 작용한다. 동맥이 좁아지는 동맥경화에 걸리면 혈액 순환에 전반적인 장애가 생기며 심장에 무리가 가므로 심장질환을 유발한다. 보통 동맥경화나 심혈관계질환이라 하면 혈중콜레스테롤 농도가 주요 원인이기도 하지만 오늘날의 환경에서는 미세먼지와 초미세먼지도 직접적인 원인으로 작용하고 있다.

우리는 폐 질환과 심혈관질환, 암에서 완전히 자유로울 수 없다. 주변 환경이 예전과 확연히 달라졌기 때문이다. 때문에 폐 건강과 혈관 건강을 유지하여 각종 난치성 질병을 예방할 방법을 강구하지 않는 한 건강한 백세 시대란 요원하다.

초미세먼지는 미세먼지보다
크기가 4분의 1 이하로 작으므로
단기간만 노출되어도 심각한
악영향을 끼친다.
입자가 큰 먼지는 기관지에서
걸러지지만, 미세먼지와 초미세먼지는
기도에서도 걸러지지 못하고
폐포까지 침투해 들어오기 때문이다.

2장

내 몸을 보호하는 비결은?

1. 유해산소로부터의 탈출이 건강의 관건

산소가 없다면 지구상의 모든 생명은 살아갈 수 없을 것이다. 산소가 있음으로써 우리는 숨을 쉴 수 있고, 체내로 유입된 산소에서 에너지를 얻어 생명을 유지할 수 있다.

우리는 공기 중의 산소를 들이마시며, 들이마신 산소는 폐를 통해 몸속으로 들어가 혈액에 섞이며 심장을 통해 세포로 전달된다. 산소는 생명 유지에 꼭 필요하지만, 대사 과정에서 부산물도 만든다. 연료를 태워 에너지를 얻을 때 찌꺼기가 남는 것과 같은 이치라 할 수 있는데, 이렇게 남겨지는 산소 찌꺼기를 '유해산소(oxygen free radical)' 혹은 '활성산소' 라고 한다.

산소는 대사 작용을 통해 생명을 유지하는 데 꼭 필요하지만, 이 과정에서 생성되는 유해산소는 우리 몸에 독소로 작용하는 것이다.

산소의 부산물, 유해산소

유해산소는 주변 세포나 다른 물질과 결합해 파괴력을 가지는데, 이는 세포와 조직을 녹슬게 하는 것과 비슷한 이치이다. 산소로 인해 물질이 부식되는 것을 산화라고 하는데, 우리 몸속에서도 산화가 일어난다.

호흡으로 들이마신 산소의 1퍼센트 정도는 대사 과정에서 유해산소로 바뀐다. 우리 몸에 각종 질병을 일으키는 것이 바로 이 유해산소 때문이다. 심장 및 심혈관질환, 당뇨병, 비염과 천식 등의 알레르기 질환, 아토피성 피부염, 류머티즘 관절염, 자가면역질환, 염증성질환, 그 밖에 다양한 질병의 원인이 유해산소다. 즉, 몸속이 '산화' 될수록 우리는 다양한 질환에 시달릴 가능성이 높다.

각종 질병과 암, 노화의 원인

산소 찌꺼기인 유해산소는 정상적인 세포와 조직을 공격하여 부식시킴은 물론이고 세포핵 속의 DNA까지 파괴한다. 이렇게 DNA가 파괴, 손상되고 비정상적인 세포단백질로 변형되는 것이 바로 암의 유발 과정이다.

또한 세포의 부식과 파괴는 노화를 촉진한다. **노화는 단순히 외모를 늙게 하는 것만을 의미하는 것이 아니라 세포의 노화를 의미하므로 인체에 치명적이다.**

문제는 환경이 오염되고 식품과 물, 공기를 통해 인체에 유해한 독소가 과하게 체내 유입되면서 유해산소 역시 과하게 생성되고 있다는 점이다. 다시 말해 현대인의 건강한 삶을 방해하는 온갖 질병들과 노화는 과한 유해산소로 인해 산화된 몸속 환경에서 비롯된다고 할 수 있다.

그렇다면 유해산소를 발생시키는 주된 요인은 무엇일까?

첫째, 주로 도시에 사는 현대인의 삶에서 뗄 수 없는 각종 유해물질과 화학물질이다.

매연, 초미세먼지, 스모그, 건축물에 사용되는 각종 화학물질, 전자기기를 사용할 때 나오는 전자파, 생활용품과 음식물 속에 들어 있는 수천 가지 화학물질, 대기오염과 수질오염은 체내 유해산소를 과도하게 발생하게 만드는 주범들이다.

둘째, 직접흡연과 간접흡연으로 인한 담배 연기다.

담배 연기 자체가 발암 유발 물질일 뿐만 아니라 담배 연기를 들이마시고 나서 체내에서 대사과정이 이루어질 때 유해산소가 대량 생성된다. 직접흡연도 위험하지만 간접흡연도 독소로 작용한다.

셋째, 과식하거나 폭식하는 식습관이다.

현대인의 신체는 과거 수렵과 채집을 할 때의 시스템을 가지고 있는 데 비해, 풍요로워진 음식물로 인한 과식과 불규칙적으로 폭식을 하는 식습관은 신진대사에 무리를 일으킨다. 너무 많은 열량을 처리하는 과정에서 부산물도 많이 만들어지는 것이다. 과식과 폭식을 할수록 각종 질병에 걸리기 쉽고 노화가 빨리 온다.

넷째, 자외선에 과도하게 노출되는 것이다.

환경오염으로 인해 오존층이 파괴되면서 피부가 자외선에 그대로 노출되는데, 자외선을 쏘인 피부 조직에서 유해산소가 생성된다.

다섯째, 누적되는 심리적 스트레스다.

과로와 스트레스의 누적은 단순히 심리적으로만 부정적인 영향을 끼치는 것이 아니라 몸속을 산성화시켜 염증과 질병에 취약한 체내 환경을 만든다.

여섯째, 과한 운동이다.

몸을 건강하게 하거나 몸매 관리를 위해 시작한 운동이라 할지라도 갑자기 과격한 운동을 하면 체내에 다량의 산소가 유입된다. 이로 인해 유해산소가 과도하게 만들어지므로 오히려 체내 환경의 균형이 깨진다.

이처럼 몸속에 과도하게 생기는 유해산소는 각종 질병과 노화의 주범으로 꼽힌다. 거꾸로 말하면 유해산소를 줄이는 것이 젊고 건강하게 살기 위한 관건이라 할 수 있다.

2. 항산화물질에 주목하다

유해산소는 체외에서 침입한 세균이나 바이러스, 병든 세포를 공격할 때 우리 몸에 이로운 작용을 한다. 살균 작용을 해주기 때문이다. 또한 우리 몸은 스스로 항산화 효소를 생성시켜 유해산소를 유해하지 않은 물질로 바꿔 유해산소의 작용을 억제할 수 있는 자연스러운 기능을 가지고 있다.

그러나 현대인이 살아가는 환경에서는 체외에서, 그리고 체내에서 유해산소가 필요 이상으로 생성된다. 그래서 우리 몸에서 만들어지는 항산화 효소만으로는 이 유해산소를 막기가 역부족이다. 자체 생성되는 항산화 효소만으로는 유해산소의 작용을 막아 건강을 유지하는 것이 거의 불가능하다는 뜻이다.

더구나 몸에서 자연적으로 생성되는 항산화 효소는 나이가 듦에 따라 점점 분비량이 감소한다.

따라서 몸속에서 자연 생성되는 천연 항산화 효소에만 의지할 수 없으므로 음식 섭취를 통해 항산화 성분을 보충해야 할 수밖에 없다. 그래서 현대인은 항산화 물질에 주목하게 되었고 천연 항산화 성분이 들어있는 음식을 충분히 자주 섭취하는 것에 바로 건강의 열쇠가 있음을 알아내게 되었다.

항산화물질은 무엇인가?

가장 먼저 발견한 항산화물질 중 하나가 바로 비타민이다. 비타민 중에서도 비타민A, 비타민C, 비타민E는 대표적인 항산화제로서, 체내 유해산소의 작용을 억제한다.

비타민A가 함유된 음식에는 동물의 간과 달걀노른자, 녹황색 채소, 과일이 있다. 비타민C는 키위, 양배추 같은 신선한 채소와 과일에, 비타민E는 식물성 기름과 견과류, 우유에 들어 있다. 또한 각종 해산물에 들어 있는 셀레늄도 대표적인 항산화물질이다.

이처럼 비타민과 셀레늄을 적절히 섭취해 항산화물질을 보충하는 것은 20세기에 전 세계를 강타한 생활 속 건강법 중 하나였다. 그런데 21세기 들어서 비타민에 이어 뛰어난 항산화물질로 각광받게 된 것이 바로 각종 식물에 든 성분인 파이토케미컬이다.

파이토케미컬은 과일과 채소 등 각종 식물의 색소에 들어 있는 성분이다. 그중 베타카로틴은 당근과 토마토, 베타크립토잔틴은 수박, 당근, 고추 등에 많이 들어 있다.

항산화물질 기능과 함유 식품군

종류	비타민A	비타민C	비타민E
기능	• 어두운 곳에서 시각 적응 • 피부, 점막 형성 및 기능 유지 • 눈의 건조함 방지 • 상피세포의 성장과 발달 • 뼈와 치아 발달	• 우리 몸에서 스스로 합성되지 않아 반드시 섭취해야 하는 필수영양소 • 몸속 효소반응의 조효소 피부, 골격, 혈관, 연골 등 결합조직을 구성하는 콜라겐 합성에 관여 • 항산화 기능	• 항산화 작용을 하여 유해산소로부터 세포 보호 • 세포막과 조직 보호 • 말초순환기능장애 완화갱년기 증상 완화
함유 식품	동물의 간, 달걀노른자, 녹황색 채소, 과일	신선한 채소와 과일	식물성 기름, 견과류, 우유

3. 파이토케미컬의 기능

파이토케미컬(phytochemical)이란 '식물(파이토, phyto)'과 '화학(케미컬, chemical)'의 합성어다. 즉 식물 자체에서 합성되는 식물성 화학물질을 뜻한다.

식물(파이토, phyto) + 화학(케미컬, chemical)

= 식물성 화학물질

→ 식물의 다양한 색깔

식물은 동물처럼 움직이지 못하는 대신 이 물질을 합성해냄으로써 자신을 보호한다. 해충이나 미생물의 공격으로부터 방어하기도 하고, 경쟁 상대인 다른 식물의 성장을 방해하기도 하며, 유해산소의 작용을 차단하기도 한다.

이러한 강력한 항산화 기능을 하는 식물의 물질은 사람의 체내에 들어갔을 때도 그 효과가 나타난다. 식물 자신을 보호하던 기능이 인체에도 나타나는 것인데, 유해산소 작용을 막아줌으로써 독소를 해독하여 면역력을 높여주며 세포의 손상을 억제하는 기능을 한다.

실제로 파이토케미컬 성분을 많이 섭취하면 건강한 정상세포의 손상을 줄이고, 암세포의 증식을 저지하는 기능이 있다. 그래서 비타민보다도 강력한 면역 증진과 노화 방지, 건강 유지 효과가 있으며 항암 작용을 한다.

그렇다면 파이토케미컬은 식물의 어디에 들어 있을까? 파이토케미컬 성분은 식물의 다양한 색깔에 들어 있는 경우가 많은데 그 종류가 1만 여 종에 이를 정도로 다양하다. 대표적인 파이토케미컬은 다음과 같다.

라이코펜

토마토, 수박, 비트, 부아메라 등 붉은색 과일이나 채소에 많이 들어 있다. 암세포 증식 억제, 혈액 순환 개선 효과가 있다.

안토시아닌

검은콩, 포도, 블루베리, 흑미, 가지 등 검붉은색 과일과 채소에 많이 들어 있다. 유해산소 억제로 노화 방지와 면역력 증진, 시력 회복 효과가 있다.

플라보노이드

딸기, 포도, 자두, 베리류 과일, 체리, 마늘, 녹차에 많이 들어 있다. 암세포 증식을 막고 발암물질 생성을 억제하는 기능이 있다.

카로티노이드

바나나, 귤 등 녹황색, 노란색, 오렌지색의 과일과 채소에 많이 들어 있다. 노화를 예방하고 항암 효과가 있으며 시력 퇴화를 지연시킨다. 카로티노이드 종류만 600종 이상에 달한다.

이소플라본

대두, 대두를 사용한 된장, 청국장, 간장, 두부에 많이 들어 있다. 항산화물질이자, 체내에서 흡수되어 여성 호르몬인 에스트로겐의 역할을 한다.

알리신

마늘과 양파 등 흰색 채소에 들어 있다. 강력한 항균 작용을 한다.

글루코시놀레이트

브로콜리, 양배추, 콜리플라워, 케일, 방울양배추, 적채, 겨자, 서양고추냉이 등 주로 십자화과 식물에 많이 들어 있다. 강력한 항암작용을 한다.

클로로필

상추, 시금치, 오이, 아보카도, 양배추 등 녹색 채소와 과일에 많이 들어 있다. 체내 중금속을 배출시켜주는 독소 해독 기능을 가지고 있다. 해독과 세포 재생에 효과적이다.

그밖에 녹차에 들어 있는 카테킨, 레드와인에 들어있는 레스베라트롤도 파이토케미컬이다. 주로 색색의 채소와 과일에 비타민과 파이토케미컬이 풍부하게 함유되어 있으므로, 이들을 일상생활에서 자주 많이 섭취할수록 질병 예방과 노화 방지, 면역력 증진에 큰 도움이 된다.

4. 베타카로틴의 기능

베타카로틴(βcarotene)도 파이토케미컬 중의 하나이다. 파이토케미컬 중에서도 500~600여 종류에 달하는 카로티노이드의 한 종류이다. 즉, 파이토케미컬 중의 하나가 카로티노이드이고, 카로티노이드 중의 하나가 베타카로틴이다.

베타카로틴은 주로 노란색과 녹황색을 띠는 채소와 과일, 예를 들어 당근, 호박, 옥수수, 시금치, 고추, 쑥, 감, 감귤, 오렌지, 살구, 황도, 바나나, 망고 등에 많이 들어 있고, 김, 다시마, 미역, 파래, 클로렐라 같은 조류에도 들어 있다.

이러한 음식을 잘 섭취하면 베타카로틴 성분으로 인해 유해산소의 작용을 방지하여 항산화 효과가 크고 정상세포를 보호하므로 암과 심장질환 예방에 효과적이다. 특히 폐 기능 증진과 폐 질환 예방에 필수적이다.

베타카로틴은 체내에 흡수되면 비타민A로 전환되어 비타민A의 기능을 한다. 이는 피부와 뼈 건강, 눈 건강, 노화 방지에 도움이 된다. 비타민A는 달걀노른자나 동물의 간에 많이 함유되어 있지만, 동물성 식품의 섭취가 부족할 경우에는 녹황색 채소와 과일을 많이 섭취함으로써 보충할 수 있다.

베타카로틴은 기름이 녹는 지용성 성질이 있어, 생으로 섭취할 때보다 기름으로 조리했을 때 흡수율이 현저히 높아진다.

녹황색 채소, 과일에 풍부하게 함유

반대로 말하면, 베타카로틴 섭취가 부족할 경우 유해산소로 인한 암, 성인병, 심혈관질환, 관절염 등에 걸리기 쉽다는 뜻이다.

특히 **흡연을 하거나 주방에서 일하거나 오염된 공기, 미세먼지를 자주 마시고 사는 경우라면 베타카로틴 성분의 음식을 충분히 섭취해야 폐 기능 저하나 폐암을 예방할 수 있다.**

최근 국내의 한 연구에 따르면, 우리나라 사람들이 먹는 채소 중에는 고수, 게걸무(무의 일종으로 흰무보다 크기가 작고 단단한 토종무의 한 종류)의 이파리, 아욱, 머위 등에 베타카로틴이 많이 들어 있다고 한다.

〈베타카로틴 효능〉

- 상피세포의 성장과 발달
- 피부와 점막 형성 및 기능 유지
- 어두운 곳에서 시각 적응 기능 유지
- 강력한 항산화 기능
- 암과 심장질환 예방
- 폐 질환 예방

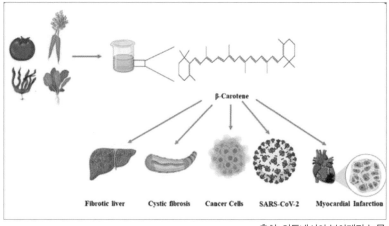

출처: 인도네시아 부아메라 논문

5. 베타크립토잔틴의 기능

베타크립토잔틴(βcryptoxanthin)도 카로티노이드의 한 종류로서 유해산소를 억제하는 강력한 항산화 효과가 있다. 또한 인체에 흡수되면 효소 분해에 의해 비타민A로 전환되어 비타민A의 효능을 나타낸다.

최근 연구에 따르면 특히 폐암 예방에 효과적이라는 연구 결과가 나왔다. 폐암을 예방하고, 폐암 발병을 감소시키며, 유해물질에 의한 기관지와 폐의 염증 유발을 감소시킨다. 실험 연구에 의하면 담배 연기로 손상된 폐의 염증을 감소시키고, 폐기종을 감소시키며, 허파꽈리를 확대하는 효과가 있는 것으로 나타났다.

그밖에 당뇨, 골다공증, 퇴행성질환 예방과 지연에 효과적인 것으로 알려졌다.

폐암 예방과 폐 질환 치료에 강력한 효과

베타크립토잔틴은 식물 중에서는 파파야, 고추, 당근, 오렌지, 귤, 수박, 붉은 강낭콩, 사과 등에 함유되어 있으며, 동물성 식품 중에는 붉은 고기, 달걀노른자, 유제품 등에 들어 있다. 특히 **부아메라에 매우 높은 함량의 베타크립토잔틴이 들어 있어 강력한 항산화 및 폐암 예방 효과가 있는 것으로 나타났다.**

〈베타크립토잔틴 효능〉

- 강력한 항산화 작용
- 폐암 발병 감소
- 각종 유해물질에 의한 기관지, 폐의 염증 유발 감소
- 당뇨에 효과적
- 골다공증 예방 및 지연에 효과적
- 폐암, 결장암, 방광암, 위암, 간암 예방

〈베타크립토잔틴의 폐 질환 예방 실험연구 결과〉

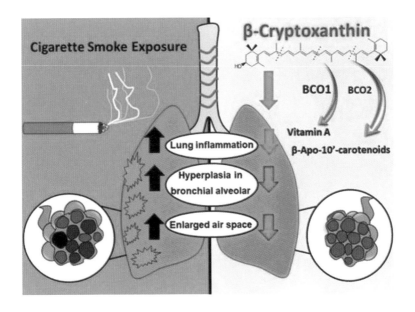

  실험: 카로티노이드 절단 효소 부재 하에서 희석된 담배 연기로 폐 손상시킨 쥐를 이용한 베타크립토잔틴의 효과

실험 결과

1. 폐 염증 감소

2. 폐기종 감소

3. 허파꽈리 확대

100g당 베타크립토잔틴 함유량 비교

부아메라	8,830 ug		굴	401 ug
땅콩 호박	3,532 ug		당근	199 ug
고추	1,103 ug		오렌지	116 ug
파파야	589 ug		수박	78 ug

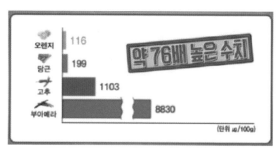

출처:JTBC하우스

6. 불포화지방산 오메가-3, 6, 9의 기능

지방은 우리 몸에 필요한 에너지를 공급해주지만, 몸에 해로운 지방을 과다 섭취할 경우 체내 염증이 많아져 각종 질병의 원인이 된다. 따라서 포화지방산이 대부분인 동물성 지방보다는 불포화지방산이 많은 식물성 지방을 섭취하는 것이 좋다. 포화지방산은 해로운 콜레스테롤 수치를 높이지만 불포화지방산은 포화지방산으로 인한 해로운 콜레스테롤 수치를 낮춰주는 효과가 있기 때문이다.

이처럼 불포화지방산은 혈관 건강에 해로운 LDL 콜레스테롤을 제거해주고 건강에 이로운 HDL 콜레스테롤 수치는 높여주는 효과가 있다. 또한 세포막을 건강하게 하고 세포막에 유연성을 주어 염증을 완화시키고 심혈관 건강에 도움을 준다.

불포화지방산은 분자 구조에 따라 단일 불포화지방산과 다중 불포화지방산이 있는데, 단일 불포화지방산에는 올레산 등의 오메가-9이 있고, 다중 불포화지방산에는 오메가-3, 6이 있다.

혈전 생성을 억제해 심혈관질환 예방

오메가-3 지방산은 흔히 '혈관 청소부' 라는 별명으로 불리는데, 우리 몸 속에서 항혈전 작용을 해 혈관에 찌꺼기가 생기는 것을 막고 항염 작용으로 체내 염증을 방지하는 역할을 한다. 그래서 심근경색, 뇌졸중 같은 혈관 관련 질환을 예방해준다. 또 피부 건강과 모발 성장 등에 필수적인 영양소로 작용하여, 오메가-3가 부족할 경우 각종 피부질환과 염증성질환에 걸릴 수 있다.

오메가-3 지방산의 하나인 알파-리놀렌산(alpha linolenic acid)은 들기름, 견과류, 아마씨유, 치아씨드 등 식물성 기름에 많고, 두뇌 건강에 필요한 DHA, EPA은 등푸른 생선, 연어에 많이 함유되어 있다.

오메가-6 지방산에는 리놀레산(linoleic acid), 감마-리놀렌산(gamma-linolenic acid) 등이 있다. 리놀레산은 참기름, 콩기름, 옥수수유, 홍화씨유 등에, 감마-리놀렌산은 달맞이꽃종자유 등에 많다.

감마-리놀레산 성분은 혈압을 낮춰주고 신경통을 완화시켜주며 퇴행성 관절염 등으로 인한 통증을 줄여준다. 뼈 건강과 뇌 기능 유지, 탈모 방지, 피부 건강에도 필요하다.

다만, 오메가-6 지방산이 만들어내는 물질들은 과다할 경우 혈관의 혈전을 만들 수 있기 때문에, 반드시 오메가-3를 균형 있게 섭취하여 혈전을 억제할 수 있도록 해야 한다.

단일 불포화지방산인 오메가-9 지방산은 올리브유, 카놀라유, 아보카도, 아몬드 등에 함유되어 있으며, 올레산이 여기 속한다. 오메가-9은 오메가-3, 6와 달리 우리 몸이 자체적으로 생산할 수 있는 지방산이지만, 포화지방 대신 섭취하면 콜레스테롤 수치를 낮춰주고 심장병을 예방하는 효과가 있다.

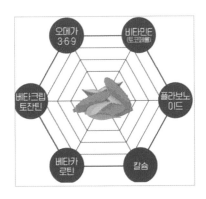

출처:미국농무부

〈오메가-3, 6, 9 효능〉

- 혈관 내 혈전 생성 방지

- 심혈관질환 예방

- 피부병 예방

- 체내 염증 생성 억제

- 두뇌 건강 개선 및 유지

- 피부 건강 유지 및 탈모 예방

- 고혈압 예방

〈오메가-3와 오메가-6는 균형있게 섭취하는 것이 건강을 유지〉

3장

부아메라의 비밀

1. 부아메라, 과연 무엇이기에 세계가 주목하는가

부아메라, 세계가 주목하는 이유

인도네시아의 동쪽 끝, 호주 위쪽에 위치한 남태평양의 뜨거운 태양 아래 있는 파푸아 뉴기니 섬은 전 세계에서 두 번째로 큰 섬이다. 이곳은 '제2의 아마존'이라고 불릴 정도로 원시 열대우림이 울창한 곳이다. 또 섬 중앙에는 높은 산맥이 자리해 온갖 희귀한 동식물이 서식한다.

이 섬의 광대한 원시림은 아마존 못지않은 세계 최대의 밀림으로서, 아마존이 그러하듯이 지구에 어마어마한 양의 산소를 공급하고 이산화탄소를 빨아들여주어 '유라시아의 허파'라고 불리기도 한다.

파푸아 뉴기니 섬은 지금은 남태평양의 낙원으로 불리며 천혜의 자연환경을 지닌 관광명소로도 인기를 끌고 있지만, 수천 년 동안 문명으로부터 동떨어진 지역으로 외부인의 접근이 쉽지 않아 원시 문명이 이어져온 곳이다.

출처: MBN 엄지의제왕

이 지역에 사는 수많은 원주민 부족 중에는 최근까지도 원시의 습성과 관습을 유지하고 있는 부족이 많아 전 세계 인류학자들이 연구를 위해 몰려든다. 심지어 오랫동안 식인 풍습을 유지하고 있는 부족이 있는 것으로도 유명했다.

이 섬의 서쪽 파푸아(Papua) 지역은 예전에는 이리안자야(Irian jaya)라 불리는 곳이었는데 이는 '승리의 뜨거운 땅' 이라는 뜻이다. 그만큼 이 지역은 호전적인 부족들이 많았다고 한다.

파푸아 원주민의 놀라운 건강 비결은?

이곳에 문명이 들어서면서, 뉴기니 섬 중북부에 위치한 파푸아 주의 주도 자야푸라(Jayapura)에도 시가지가 형성되고 대학을 비롯한 현대적인 기관들이 생기게 되었다. 그런데 20세기 말, 자야푸라의 공립대학인 센드라와시 대학(UNCEN)의 부디(Budi) 박사가 지역 원주민의 생태에 대해 조사하던 중, 와메나(Wamena) 지역 원주민들이 유독 건강하고 질병에 잘 걸리지 않는다는 것을 발견했다.

이 지역 원주민들은 문명의 영향을 받기 전부터도 현대식 병원이나 약의 도움 없이 건강하고 적응력이 강한 것으로 잘 알려져 있었다. 그들은 다른 부족들보다 체력이 강하고, 심장병이나 고혈압, 암 등의 질병도 적게 걸렸다.

과연 무엇을 먹고 어떤 생활을 하기에 열대 정글의 거친 환경에서 병에 걸리지 않고 잘 살 수 있었을까?

그러던 중 원주민들이 이곳 밀림의 고산지대에서만 자연 서식하는 레드 판다누스(Red Pandanus)라는 키 큰 나무에서 열리는 붉은색 열매를 즐겨 먹는다는 것을 알게 되었다. 거대한 빨간색 옥수수와 비슷하게 생긴 열매의 이름은 '부아메라' 로서, 인도네시아어로 열매를 뜻하는 부아(buah)와 붉은색이라는 뜻의 메라(merah)가 합쳐진 말이다.

기적의 열매 부아메라 열풍

이후 학자들은 지구상 다른 곳에서는 발견된 적이 없는 이 열매의 성분에 대해 연구하게 된다.

연구 끝에 놀라운 사실이 알려지게 되는데, 이 열매의 영양학적 가치가 엄청나다는 것이었다. 오메가-3, 6, 9은 물론이고 비타민, 베타카로틴, 베타크립토잔틴 같은 항산화 성분의 함량이 다른 과일들과 비교가 안 될 정도로 많이 들어 있었던 것이다.

특히 베타크립토잔틴의 함유량이 대단히 높았는데, 이 성분은 천연 항산화제이자 항암제로 알려진 물질이다.

그런데 이 열매의 저장성이 좋지 못해, 따자마자 신선할 때 바로 먹지 않으면 금방 상한다는 단점이 있었다. 그래서 이 열매의 천연 성분을 추출해 제품으로 만들 필요가 있었다. 그래서 개발하게 된 것이 부아메라 오일이다.

그 후 2002년 부아메라 열매 추출물로 오일을 만들어 암과 당뇨병 등 난치성 질병의 대체의약품으로 개발하게 된다. 인도네시아 본토는 물론이고 전 세계 국가들에 '기적의 열매'로 알려지기 시작한 것이다. 그야말로 세계가 주목하는 부아메라 열풍이 불기 시작했다.

2. 원시의 자연이 준 최고의 선물

생물 자원의 보고인 열대 원시림은 지금도 전 세계 의학연구자들에게 보물섬 같은 곳이다. 알려지지 않은 수많은 식물들의 놀라운 의학적, 약리적 효능이 지금도 밝혀지고 있기 때문이다. 말하자면 새로운 건강식품과 신약의 원재료들이 널려 있는 곳이라고 할 수 있다. 전 세계 의학자들과 제약회사, 건강기능식품 개발자들은 현대의학이 해결해주지 못하는 질병 치료제의 해답을 원시의 숲에서 찾고 있다.

부아메라도 그중 하나다.

인도네시아 파푸아 지역에서만 자라는 레드 판다누스 나무의 열매 부아메라는 이곳 원주민에게는 일상에서 섭취해온 전통 과일이자 토종 약용식품이다. 그들은 병원도 항생제도 없이 살아왔지만 이 열매를 비롯한 정글 속 수많은 동식물에서 자연 그대로의 치료제를 얻고 현대인보다 더 탁월하게 건강을 유지할 수 있었다.

파푸아 고산 청정지대에서만 나는 희귀 과일

부아메라가 열리는 레드 판다누스 나무는 인도네시아의 파푸아 지역 와메나(Wamena)에 있는 자야위자야 산(Jayawijay Mountain)의 고산지역에 서식한다. 이곳은 해발 2,000~3,000미터에 이르는 높은 산악지대다. 열대 정글 중에서도 가장 깊은 곳이라 현대 문명의 접근이 어려웠던 곳이라 할 수 있다.

레드 판다누스 나무는 높이가 평균 16미터에 이를 정도로 키가 크며, 열매도 매우 크다. 열매는 길이 60~120cm, 지름 15~25cm, 무게는 2~3kg에서 최대 10kg에 달해 '붉은 열매의 왕'이라고도 불린다. 그 외에도 '자연의 선물', '신비의 과일' 같은 여러 별명을 가지고 있다. 모양은 옥수수처럼 기다란 타원형이며, 다 익으면 붉은색이 된다.

명칭: 부아메라(buahmerah 인도네시아어)

학명: Pandanus conoideus

길이: 60~120cm

지름: 15~25cm

무게: 2~3kg에서 최대 10kg

부아메라에도 품종별 차이가 있다. 총 44개의 품종이 있는데 이중 4~6종을 약용으로 사용한다. 44종 중 1종은 먹지 않는다.

대부분의 열대과일들이 연중 자주 수확되는 과일이 많은 반면, 부아메라는 1년에 두 번 수확할 수 있으며, 나무 한 그루 당 4~5개 정도밖에 열리지 않는다. 그리고 품종에 따라 수확 시기가 조금씩 차이가 난다.

부아메라는 신선도가 매우 중요하다. 수확한 뒤 2일에서 4일 정도가 경과하면 곰팡이가 피면서 썩기 때문이다. 때문에 수확 직후의 신선한 열매를 잘 가공하는 기술이 필요하다.

3. 인도네시아 파푸아인의 건강을 지켜온 천연 영양제

파푸아 뉴기니 섬은 저지대는 열대우림이지만 섬 안쪽은 높은 산맥이 있는 고산지대다. 부아메라는 고산지대에서 자생하는 나무 열매로, 파푸아의 고산지대 부족들이 수천 년 전부터 일상 속에서 먹는 음식이었다. 집을 짓는 등 힘든 육체노동을 한 날에는 보양식처럼 먹기도 하고, 염증성 질환이 생기면 치료제로 먹었다.

그들은 이 과일을 한 번 쪄내 즙을 만들어 뿌려 먹거나, 과육을 잎사귀에 싸서 불에 익혀 먹기도 했다. 또한 전통 방식으로 압출해 기름을 짜먹기도 한다. 원주민이 매우 다양한 방식으로 활용해 먹는 식재료이자 약용식품이라 할 수 있다.

안팎이 붉은색이다 보니 먹다 보면 혀와 이빨이 온통 빨갛게 물드는데, 이들은 이 열매를 식재료로 즐겨 먹었다고 한다. 최근에는 부아메라의 효능이 전 세계에 알려지면서 이 섬의 특산품이 되어

가격도 비싸졌다.

원주민들은 오래 전부터 이 과일의 건강 증진 효과를 잘 알고 있었기 때문에 예로부터 체력 회복과 정력 증진에 좋은 과일로 귀하게 여기며 섭취해왔다. 실제로 부아메라는 원주민들의 염증, 피부병, 눈병 치료제로 쓰인 민간요법의 약용 과일이다.

이들은 고산지대 정글의 험난한 환경에 살면서 감자나 토란 등을 주식으로 먹고 살았지만 대대로 부아메라를 섭취하면서 다른 지역 부족들보다 건강을 유지할 수 있었고 유독 체력이 강인하고 호전적인 부족으로 알려졌다.

수천 년의 건강비법

부아메라의 효능은 영양학적 및 의학적으로도 증명이 되었다. 성분을 연구한 결과 엄청난 양의 항산화, 항염증 성분이 함유되어 있음을 밝혀낸 것이다.

부아메라의 주요 성분은 베타크립토잔틴, 베타카로틴, 토코페롤, 식물성 오메가-3, 6, 9, 비타민, 칼슘, 플라보노이드로 등이 있다. 천연 항산화제이자 천연 항염증제와도 같은 베타카로틴과 베타크립토잔틴 성분은 다른 어떤 식물보다도 풍부하게 함유되어 있다.

이로 인해 폐암, 폐 질환, 기관지염 등 각종 호흡기질환과 염증성

질환, 면역질환, 당뇨성질환, 골다공증 등에 효과가 탁월한 것으로 알려졌다.

출처: 미국 농무부의 USDA 데이터베이스 성분 측정 결과

〈부아메라의 약리 작용〉

주성분	부아메라의 약리성(효능·효과)
베타크립토잔틴	프로비타민A 강력한 항산화 작용 폐 염증 감소 폐암, 결장암, 방광암, 위암 및 간암 예방 간질환 예방 눈 건강 및 관절 건강 혈관 건강에 도움
오메가-3,6,9	혈중 중성지질 개선 혈행 개선 기억력 개선 건조한 눈 개선 눈 건강 완화
비타민A	어두운 곳에서 시각 적응에 필요 피부와 점막을 형성하고 기능을 유지하는 데 상피세포의 성장과 발달에 필요
비타민C	결합조직 형성과 기능 유지에 필요 철의 흡수에 필요 유해산소로부터 세포를 보호하는 데 필요
비타민E(토코페롤)	유해산소로부터 세포를 보호하는 데 필요
칼슘	뼈와 치아의 형성에 필요 신경과 근육 기능 유지에 필요 정상적인 혈액 응고에 필요 골다공증 발생 위험 감소에 도움
베타카로틴	항산화 작용으로 체내 세포 보호 유해산소로 인한 질병 예방 피부 건강의 유지와 예방
플라보노이드	심혈관질환 예방, 당뇨 예방 항염증 효과

4. 질병 치료에 효과 입증

　20세기는 서양에서 현대의학이 놀라운 기술 발전을 이룬 시대다. 1차, 2차 세계대전을 계기로 외과 기술은 물론이고 암과 같은 난치성 질병에 대한 연구와 의료진 육성이 미국과 유럽을 중심으로 활발히 진행되었다.

　그러나 21세기 초반을 지나고 있는 현재까지도 인류는 암을 비롯한 난치성 질병을 완전히 정복하지 못하였다. 각종 면역성질환, 퇴행성질환, 염증성질환은 현대의학으로도 해결하지 못하고 있어, 근본적인 치료와 예방이 아닌 증상의 일시적인 억제에만 의존하고 있을 뿐이다.

　또한 최근 지구상의 인류 전체를 강타하고 아직까지도 우리 주변에서 풍토병으로 상주하게 된 코로나 바이러스를 비롯한 신종 바이러스와 박테리아가 계속해서 등장하고 있어 앞으로 어떤 위협이 닥칠지 예상할 수 없는 상황이다. 더욱이 기후변화와 환경오염의 급격한 가속화는 우리의 일상을 오염물질로 가득하게 하고 있다.

합성물질로 만든 인공식품의 섭취는 현대인의 몸속을 유해물질로 가득 채우는 꼴이다. 음식과 공기, 음료 등을 통해 유입되는 환경호르몬은 그 종류도 다 셀 수 없을 정도이다.

그러나 이런 위험요인에 대하여 현대의학은 충분한 해법을 제공하지는 못하고 있다.

국내 통계를 살펴보아도 한국인의 암 발생률은 급격히 증가하고 있으며 암으로 인한 사망률도 함께 증가 추세에 있다. 암과 당뇨병, 고혈압, 대사성질환, 각종 면역질환의 증가는 한국인의 기대수명이 늘어난 만큼 질병에 시달리는 시기도 늘어나고 있음을 의미한다.

현대의학은 질병 치료에 한계를 드러냈다

서구권에서 발달한 현대의학이 인류 건강 증진에 놀라운 기여를 한 것도 사실이지만, 난치성 질병에는 한계가 있음이 지적된다. 예를 들어 당뇨나 고혈압, 면역질환을 치료하기 위해 거의 평생을 약물치료에 의존해야 하고 암에 대해서도 약물치료와 화학치료에 의존하게 된다. 그러나 이것이 질병의 근본적인 치유와 예방을 돕는 것은 아니기 때문이다.

현대의학에서 말하는 치료란 병을 치료하여 그 병에 걸리지 않게 하는 것이 아니라, 고통스럽게 하는 증상을 억누르거나 일시적으로 멈추게 하는 것에 가깝다.

이처럼 현대의학 원리가 한계를 드러내는 이유는 병의 치료를 질병 그 자체에만 초점을 두기 때문이다. 현대의학은 과학의 한 분야로 간주되고 있으며, 인간의 몸은 복잡한 기계처럼 여겨진다. 그래서 어느 부위에 문제가 발생하면 그 부위를 마치 고장이 난 부품으로 여기고 문제되는 증상을 없애는 것에 치중하는 것이다.

그러나 생명체는 기계가 아니며, 생명체의 건강은 단순하게 기계 고장의 문제로 치부하여서는 안 된다. 인간을 포함한 모든 유기체는 고유한 유전자와 후천적인 환경 요인에 의해 개개인의 특성을 가지고 있으며, 미처 헤아리지 못한 무수한 요인의 영향을 받는다.

따라서 **현대의학의 한계를 극복하고 건강한 삶을 추구하기 위해서는 질병의 증상이나 결과가 아니라 원인에 주목하여야 한다. 증상을 어떻게 없앨 것인지가 아니라 무엇을 먹고 마시며 일상생활에서 어떤 유해요인을 어떻게 줄일 것인지에 집중하여야 한다.**

우리 몸의 자연치유력의 비밀은 음식에 있다

인간의 몸을 포함한 모든 유기체가 기계와 다른 점은 고유의 자연치유력을 가지고 있다는 점이다.

예를 들어 상처가 나면 혈액 속 성분들이 지혈을 시켜 과다출혈을 막고 염증과 싸우고 새 살을 돋게 한다. 감기 바이러스에 감염되었을 때는 굳이 감기약을 먹지 않더라도 90퍼센트 이상은 자연치유가 된다.

감기의 증상들인 발열이나 콧물, 기침은 우리 몸이 치유력을 발동시켜 바이러스와 싸우는 과정 중에 일어나는 자연스러운 현상들이다. 심지어 우리 주변에서 풍토병으로 정착하게 된 코로나 바이러스 감염증에 대해서도 고위험군이 아닌 건강한 사람들의 경우 자연치유력이 점차 발달하고 있음을 알 수 있다.

모든 유기체와 인간의 신체는 항상성을 가지고 있어, 각 기능이 정상에서 벗어났을 때 스스로 조절하고 적응해 원래의 정상 상태로 돌아와 균형을 유지하려고 한다. 사실 많은 질병의 증상들은 치유력과 항상성의 원리에 의한 것이 많다.

그런데 이러한 치유력과 항상성을 정상적으로 유지시키기 위해서는 평소에 무엇을 먹는지가 가장 중요하다. 인간은 물론이고 동물도 아주 오래 전부터 이 원리를 알고 있었다. 먹는 것을 통해 비정상적인 증상을 완화하고 조절해왔던 것이다.

천연 건강 물질을 일상적으로 섭취해야 한다

그래서 인류는 문명이 발달하기 오래 전부터도 해로운 음식과 이로운 음식을 경험에 의해 구별해왔고, 질병 치유와 예방을 돕는 온갖 종류의 약초들을 활용해왔다. 즉 자연에서 추출한 무수한 성분을 얼마나 잘 활용하는지가 건강을 좌우한다고 해도 과언이 아니다.

다만, 현대인은 합성 화학물질로 이루어진 음식 섭취와 증상 억제 위주의 의학에 길들여져 있어, 인류가 터득한 건강의 근본 원리를 잊고 살았을 뿐이다.

한국인은 한의학의 전통을 가지고 있고 수많은 민간요법을 알고 있었다. 우리는 어떤 약초가 어떤 약리작용을 하고 어떤 식물, 어떤 과일이 어떤 효능을 가지고 있는지를 잘 알고 잘 활용하고 살아온 민족이었다.

오늘날 서양 의학계에서 뒤늦게 주목 및 투자하고 있는 다양한 건강기능식품의 개발도 사실은 이러한 원리로 돌아온 것이다. 식물성 천연 건강 물질을 발굴하고 활용하는 것을 중요시하는 것이다.

예전과 달리 기술이 발달하고 교통이 편리해진 것은 전 세계 각 지역에 있는 천연 건강 물질을 개발하고 보급하는 데 힘을 실어준다. 부아메라는 바로 그러한 천연 건강 식물 중 하나로 최근 가장 크게 각광받고 있는 식품이다.

다음은 국제 학술 컨퍼런스를 통해 보고된 부아메라의 효능과 성분에 대해 살펴보도록 하자.

5. 국제 학술 컨퍼런스를 통해 보고된 부아메라 효능과 성분

〈인도네시아 국제 학술 컨퍼런스에서 발표한 부아메라 효과〉

동물실험에 의한 폐암의 폐세포 회복 효과

→ 담배 연기로 폐암에 걸린 비정상세포가 감소하고 회복되는 과정을 볼 수 있다.

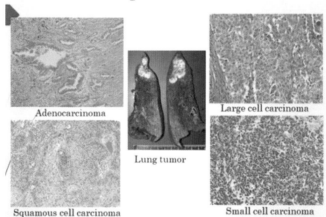

Lung Cancers

Adenocarcinoma

Lung tumor

Large cell carcinoma

Squamous cell carcinoma

Small cell carcinoma

Squamous cell carcinoma only is associated with smoking.
About 60 % out of all lung cancers are adenocarcinoma and its incidence has been going up.

부아메라의 폐암 개선 효과

→ 부아메라 오일 적용 결과 폐의 암세포 증식이 억제됨을 볼 수 있다.

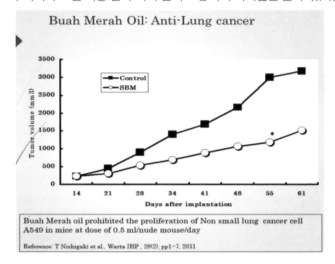

베타크립토잔틴 성분의 폐 손상 개선 효과

→ 동물실험 결과 담배 연기의 의한 폐 손상 감소를 볼 수 있다.

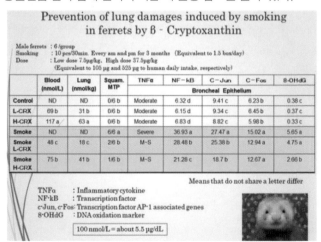

부아메라 오일의 영양학적 특성

→ 당근, 당근즙, 시금치, 호박, 브로콜리, 토마토, 스위트콘보다 월등히 높은 베타카로틴, 베타크립토잔틴 함유량을 알 수 있다.

Buah Merah Oil: Nutritional Features

Richest in Carotenoid ingredients

Comparison of carotenoids with various vegetables

Name	α - Carotene	β - Carotene	α - Cryptoxanthin	β - Cryptoxanttin
Buah Merah Oil *	400~900	3,300~6,700	1,800~3,100	4,500~9,000
Carrot (peeled, steamed)	2,400	7,500	0	
Spinach (steamed)	0	5,400	45	
Carrot juice	1,300	3,800	0	
Pumpkin (steamed)	18	3,100	90	
Broccoli (steamed)	0	770	5	
Tomato (raw)	4	540	0	
Sweet corn (steamed)	7	20	53	

* M Wada et al. Warta IHP 30 (1), pp1~8, 2013
The others: Fact sheet, Food Safety Commission of Japan

unit: μg/100g

Buah Merah oil serves pro-vitamin A as essential nutrients which are converted to vitamin A in the body to enhance the functions of vision, audit, reproduction system and growth.

부아메라 오일의 영양 성분

→ 비타민E, 카로티노이드, 베타카로틴, 베타크립토잔틴 성분이 함유되어 있다.

Buah Merah Oil: Nutrition

Ingredient	Value per 100g	Ingredient	Value per 100g
Moisture	0.2 ~ 0.8 g	Total carotenoids	275 ~ 452 mg
Energy	868 ~ 898 kcal	α-Carotene*	0.4 ~ 0.9 mg
Protein	0 ~ 0.1 g	β-Carotene*	3.3 ~ 6.7 mg
Lipid	94.2 ~ 99.8 g	α-Cryptoxanthin*	1.8 ~ 3.1 mg
Carbohydrate	0 ~ 5.1 g	β-Cryptoxanthin*	4.5 ~ 9.0 mg
Ash	< 0	Lutein	Not detected
Na	0 ~ 3 mg	Zeaxanthin	Not detected
Vitamin E	21.2 ~ 22.4 mg	Lycopene	Not detected
Acidic value	55.2 ~ 94.2	Peroxidation value	0.1 mEq/kg
Microbiology			
TPC	< 10/g		
Coliform	Negative		
Heavy metals			
As Lead	Not detected		

Nutrition analyses were conducted by Japan Food Research Laboratories.
Carotenoids analyses : M Wada et al. Warta IHP 30 (1), pp1~8, 2013

부아메라 오일의 지방산 성분

→ 불포화지방산인 올레산(오메가-9), 리놀레산, 알파-리놀렌산(오메가-3, 6)
이 올리브오일과 비슷한 수준으로 함유되어 있다.

Buah Merah Oil: Fatty Acid Composition

Fatty acid	Common name	BM oil (%)	Olive oil (%)	Soybean oil (%)	Bovine fat (%)	Human fat (%)
12:0	Lauric acid	0	0	0	0	
14:0	Myristic acid	0.1	0	0	3.0	3
16:0	Palmitic acid	19.7	9.9	10.3	25.6	23
16:1(n-7)	Palmitoleic acid	0.9	0.7	0.1	3.3	
17:1(n-8)	Heptadesenic acid	0.2		0	0.7	
18:0	Stearic acid	1.8	3.2	3.8	17.6	4
18:1(n-9)	Oleic acid	64.9	75.0	24.3	43.0	45
18:1(n-7)	Cis-vaccenic acid	3.1				
18:2(n-6)	Linoleic acid	8.6	10.4	52.7	3.3	10
18:3(n-3)	α-Linolenic acid	0.7	0.8	7.9	0.3	1
20:0	Arachidic acid	0.2	0.8	0.3	0.3	
20:1(n-9)	Icosanic acid	0.2		0.1	0.4	
	Trans fatty acid	ND	.....	....	....	....

4장

부아메라의 건강 증진 기능은 무엇인가?

1. 폐암과 폐 질환 개선

폐암은 한국인의 암 중에서 매년 발병률 최상위권을 차지할 정도로 무서운 질병이다.

2022년 통계 자료에 따르면(출처:중앙암등록본부, 국가암정보센터) 2020년에 발병한 암 중 폐암은 전체 암 발생의 11.7퍼센트로 2위를 차지했다. 남녀 성비로 따졌을 때는 남성의 발병 비율이 여성의 두 배 이상으로 더 높아 남성 암 중에서 1위, 여성 암 중에서는 4위를 차지했다.

연령대별로 보면 60대에서 29.2퍼센트, 70대에서 34.1퍼센트, 80대 이상에서 20.1퍼센트로 70대의 발병률이 가장 높았으나 대체로 노년층에서 높은 발병률을 보임을 알 수 있다.

폐암은 증상 자각을 잘 하지 못해 암세포 전이가 많이 되고 난 후에야 뒤늦게 발견되는 경우가 많다. 생존율은 30%대로 낮은 데 비해 사망률은 암 중에서 가장 높아 매우 위험하고 치명적이다.

전문가들은 폐암의 가장 주된 원인으로 흡연을 꼽는다. 폐암을 예방하기 위해서는 반드시 금연을 해야 한다고 강조한다. 왜냐하면 **담배에는 7,000종 이상의 유해물질이 있으며 이중 암을 유발하는 발암물질만 60여 종 이상이 들어 있어, 흡연과 폐암 사이에 명백한 연관이 있음이 밝혀졌기 때문이다.**

담배로 인한 폐암 발병은 담배를 피우지 않는 사람에게서도 발견된다. 직접흡연뿐만 아니라, 타인이 피우는 담배 연기를 들이키는 간접흡연자의 폐암 발병 가능성도 매우 높다. 흡연자가 들이키고 내뱉는 연기보다 담배 끝에서 곧바로 나오는 연기에 치명적인 발암물질이 훨씬 더 짙은 농도로 들어있기 때문이다. 흡연자는 두 가지 연기를 모두 흡입하기 때문에 위험하지만, 타인의 담배 연기를 흡입하는 것 자체도 담배를 직접 피우는 것만큼 위험하다는 이야기이다.

폐암과 폐 질환, 흡연자만의 문제가 아닌 이유

문제는 담배를 피우지 않거나 담배 연기를 전혀 접하지 않고 생활하는 사람들 역시 폐암 위험에서 자유로울 수 없다는 점이다. 이는 날로 심해지는 대기오염과 미세먼지 및 초미세먼지 속 유해물질로 인한 것이다.

특히 우리나라의 경우 국내에서 발생하는 대기오염과 중국발 대기오염으로 인한 심각성이 해마다 커지고 있는 실정이다.

오염된 대기와 미세먼지 속의 중금속은 세계보건기구에서 정한 1급 발암 물질이다. 미세먼지 농도가 높은 지역에 사는 사람들에게 폐암 발병률이 증가하는 현상이 나타난다. 폐암뿐만 아니라 기관지와 호흡기 질환, 폐 질환은 대기환경의 영향을 직접적으로 받는다.

단열재 등 건축자재와 건물 실내외에 쓰이는 소재들의 중금속과 화학성분들, 나아가 일상 속에서 누구나 쓰는 세제와 소독 관련 제품들의 화학물질들 역시 인체에 안전한 정도라고는 하나 장기적으로는 암을 유발하는 물질들에 속한다.

지금은 사용되지 않는 건축자재인 석면은 수십 년 동안 우리 주변에 있던 발암물질 중 하나였다. 석면에 지속적으로 노출되면 10년에서 길게는 수십 년의 잠복기 끝에 폐암에 걸리는 경우가 많다.

이처럼 우리는 무공해 청정지대가 아니라 한 호흡기와 폐에 매우 유해한 환경 속에서 살고 있기 때문에, 이를 보완할 수 있는 대안을 찾지 않을 수 없다.

베타크립토잔틴 성분의 강력한 폐암 예방 효과

부아메라의 성분이 밝혀진 후 크게 화제가 된 점은 바로 베타크립토잔틴 함량이 다른 과일보다 월등히 많다는 점이었다. 미국 USDA 데이터베이스 기준 오렌지의 76배, 귤의 22배, 파파야의 15배, 땅콩호박의 2.5배 이상의 베타크립토잔틴이 들어 있어 식물성 식품 중에서 압도적으로 1위를 차지한 것이다.

베타크립토잔틴은 베타카로틴과 더불어 강력한 항산화 작용을 하여 각종 염증성 질환 예방과 완화에 도움이 되는 영양소로서 특히 폐암, 기관지염, 호흡기질환에 효과적인 것으로 알려졌다. 적정량을 꾸준히 섭취했을 때 폐암의 발병을 감소시키고, 기관지와 폐의 염증을 줄이며, 폐렴 예방과 치료에서 유익한 효능이 있는 것으로 알려졌다.

부아메라 오일을 동물실험에 적용했을 때 폐의 종양 증식이 억제되고 비정상세포가 줄어들어 폐 손상이 억제되는 것을 확인할 수 있었다.

오염된 공기와 미세먼지로 인해 크고 작은 호흡기질환에 시달리는 현대인이 부아메라에 주목하는 이유다.

2. 암 예방 및 세포 기능 활성화

폐암을 포함해 모든 암은 정상세포가 비정상세포로 변환되는 데서 시작된다. 우리 몸을 구성하는 가장 작은 단위인 세포가 정상적인 기능과 형태를 유지하려면 세포 구조와 세포 속의 미토콘드리아가 건강해야 한다. 세포가 건강하려면 세포 내에 산소가 충분히 제공되고 유해산소는 쌓이지 않아야 한다. 그래야 세포가 정상적으로 유지된다.

그러나 어떤 이유로 이 균형이 깨져 산소가 부족해지고 유해산소는 과다해지면 세포가 망가지고 변형되면서 암세포가 되어버린다. 실제로 암에 걸린 환자들의 체내 환경을 살펴보면 혈중 산소는 부족하고 유해산소 농도는 높게 나타난다.

따라서 암을 예방하는 데는 세포 건강 유지가 관건이다. 세포 건강을 유지하기 위해서는 세포를 파괴하는 유해산소가 체내에 축적

되지 않도록, 즉 체내 환경이 '산화' 되지 않도록 해야 하기에 이를 막아주는 항산화 성분이 우리 몸에 꼭 필요한 것이다. 수많은 연구를 통해 항산화 성분이 든 식품 섭취와 암 예방 및 치료 간에 상관관계가 있음이 밝혀졌기 때문이다. 오늘날 다양한 종류의 건강기능식품이 한결같이 항산화 기능을 강조하는 것은 이런 이유에서다.

세포가 건강해야 암에 걸리지 않는다

부아메라에 들어 있는 항산화 성분은 암을 예방하고 이미 생긴 암세포 증식을 억제하는 데 실제로 효과가 증명되었다.

이 성분들은 세포 내에 산소를 공급하고 유해산소는 억제하며, 세포막을 튼튼하게 해주어 세포의 구조를 정상으로 유지하는 작용을 한다. 세포가 건강해야 우리 몸 전체의 신진대사가 활성화되고, 반대로 세포가 제 기능을 유지하지 못하면 신진대사 기능이 떨어져 각종 질병에 취약한 체내 환경이 된다.

따라서 이미 암에 걸린 환자는 물론이고, 암에 걸릴 리 없다고 확신하는 사람일지라도 건강한 세포 기능을 유지하고 신진대사를 활성화시키기 위해서는 평소 항산화물질을 충분히 섭취할 필요가 있다. 이는 천연식품 섭취를 통해서만 보충할 수 있기 때문이다. 암세포가 퍼지는 속도를 늦추거나 암을 예방하고자 하는 사람이라면 누구나 부아메라 섭취를 통해 치료 및 예방 효과를 볼 수 있다.

3. 염증 방지 및 감소

염증이란 우리 몸의 안팎에 외상이나 세균 감염, 바이러스 감염으로 인해 손상이 발생했을 때 해당 부위를 복구하고 세균으로부터 몸을 지키기 위해 우리 몸이 싸우는 과정을 일컫는다. 전쟁에서 적의 공격을 당했을 때 적과 싸워 침입하지 않도록 막고, 손상된 성곽이나 시설물을 재건하는 것과 같은 이치이다.

예를 들어 외상을 입어 피부에 상처가 생기고 피가 흐르면 과다 출혈이 되지 않도록 피를 응고시키는 일이 일어남과 동시에, 해당 부위가 세균에 감염되어 세균이 몸속으로 퍼지지 않도록 백혈구가 집중적으로 세균을 물리치는 일을 한다. 이 과정에서 생기는 것이 통증, 발열, 부기 등이고 이를 포괄하여 염증 반응이라고 한다.

염증 반응은 본질적으로는 우리 몸이 자가 치유력을 발휘하고 있다는 증거이기도 하다. 통증, 발열, 부기가 동반되어야 추가적인 부상이나 감염을 막을 수 있고, 치유 시간을 확보할 수 있다. 몸이 건강할수록 염증 반응을 거쳐 상처가 낫고 원래의 기능을 회복하는 과정이 자연스럽게 일어난다.

염증은 체외에서 뿐만 아니라 체내에서도 일어난다. 예를 들어 어떤 이유로 위에 상처를 입으면 위염으로 통증을 느끼며 이때도 우리 몸에서는 염증 반응이 일어나 상처 부위를 회복하기 위한 과정이 일어난다.

만성 염증을 제거해야 치유에 이른다

문제는 자연적으로 치유되지 않는 만성 염증이 질병의 원인으로 작용하는 데 있다. **염증 반응이란 감염과 손상의 원인이 제거되고 해당 부위의 세포가 복원되면 사라지는데, 감염과 손상의 원인이 제거되는 것은 아니며 지속적으로 누적되면 우리 몸이 더 이상 감당하지 못해 자가 치유가 되지 못하고 염증이 만성화된다.**

자극적이고 잘못된 식습관, 인공화합물과 유해물질이 함유된 음식물의 장기적인 섭취, 유해한 생활 환경, 심리적 스트레스, 대기오염으로 인한 유해물질의 체내 침투, 체내 유해산소의 누적 등 치명적인 감염원들은 당장 눈에 보이는 상처로 나타나지는 않지만 우리 몸속을 세포 단위부터 손상시킨다. 그로 인한 장기적인 염증 반응이 바로 암, 심혈관질환, 당뇨병과 성인병, 대사질환, 알레르기질환, 면역질환 등이다.

결국 약으로도 잘 낫지 않고 고질병이나 난치병으로 지속되는 각종 질병은 몸속에서 발생한 다양한 염증 때문이라 할 수 있다.

파푸아 지역에서 부아메라를 오랫동안 섭취하고 살아온 부족들을 연구한 부디 박사는 이 부족민들이 체력이 강하고 질병에 잘 걸리지 않을 뿐만 아니라, 염증과 관련된 질환에 걸렸을 때 부아메라를 약용으로 섭취하는 풍습이 있다는 것을 발견하였다.

이후 실제로 성분 분석을 한 결과 부아메라의 독특한 항산화 성분에 염증 감소 효과가 있다는 것이 밝혀졌다. 동물 및 인간을 대상으로 한 임상실험에서 피부와 체내의 염증을 감소시키는 유의미한 변화가 나타났다. 부아메라를 꾸준히 섭취한 사람들의 체외·체내 만성 염증 감소 효과를 증명한 연구 결과는 지금도 꾸준히 주목받고 있다.

4. 눈 건강에 도움

　부아메라에 많이 함유되어 있는 베타카로틴은 대표적인 항산화 성분이다.

　베타카로틴은 주로 녹황색 채소, 과일, 해조류에 많이 함유되어 있다. 이러한 음식을 꾸준히 섭취하면 베타카로틴 성분이 체내 유해산소의 작용을 방지하여 정상세포를 보호하는 역할을 하는데, 베타카로틴의 항산화 작용은 눈 건강에도 필수적인 것으로 알려졌다. **부아메라에는 베타카로틴 함량이 블랙베리의 335배, 브로콜리의 119배, 호박의 13.9배, 당근의 5.2배로, 아주 높다.**

　부아메라에 들어 있는 베타카로틴은 체내에 흡수되고 나면 필요한 만큼 비타민A로 전환되어 기능을 하는 프로비타민A이다. 프로비타민의 프로(pro)는 'before' 의 의미로서 '이전 단계' 라는 뜻이다. 즉 프로비타민A라 함은 아직 비타민A는 아니나 비타민A가 되기 이전 단계의 물질이라는 뜻이며, 그런 의미에서 비타민A의 전구체라고도 부른다. 즉 베타카로틴은 우리 몸에 들어가면 비타민A로 변환된다.

원래 비타민A가 많이 들어 있는 식품은 주로 동물성 식품들로, 육류, 육류의 간, 달걀노른자, 생선, 유제품이 있다. 이 성분은 눈의 망막(retina, 레티나)에 있는 색소라는 의미에서 레티놀(retinol)이라고도 부른다. 반면 프로비타민A는 식물성 식품, 그중에서도 베타카로틴에 들어 있다.

따라서 필수영양소 중 하나인 비타민A를 보충하기 위해서는 동물성 식품의 레티놀과 식물성 식품의 베타카로틴을 골고루 섭취해야 한다. 그런데 동물성 식품에 든 비타민A는 지용성이라 너무 많이 섭취하면 간 독성을 유발할 수 있는 데 반해, **식물성 식품 속 프로비타민A는 몸속에 들어가서 필요한 만큼만 비타민A로 바뀌기 때문에 동물성 식품보다 우리 몸에 오히려 유익하고 필수적인 것이다.**

부아메라 핵심 성분은 눈 건강에 반드시 필요

비타민A는 시력을 유지 및 개선시키고, 황반변성을 완화하는 등 눈 건강에 필수적인 영양성분이다. 또한 피부 건강, 인지기능 개선,

폐 건강, 면역력 증진, 노화 방지를 위해 반드시 섭취해야 한다.

몸속에서 비타민A로 변환되는 베타카로틴은 지용성 성질을 띠고 있기 때문에, 녹황색 채소를 생으로 먹기보다 기름에 조리했을 때 영양 흡수에 더 효과적이라고 알려져 있다. 또한 부아메라로 오일 추출한 제품을 섭취했을 때 부아메라 본연의 효능을 최대화할 수 있다.

부아메라에 함유되어 있는 불포화지방산, 특히 오메가-3 역시 눈 건강에 필수적이다. 이는 세포막과 세포지질을 구성하는 성분으로, 눈을 비롯한 체내 모든 기관의 세포막을 건강하고 튼튼하게 유지하기 위해 꼭 필요하다. 이 원리로 인해 피부 탄력을 유지시키고 피부 장벽을 세포 단위부터 지켜준다.

5. 당뇨 및 심혈관 질환 예방

현재 전 세계 당뇨병 환자는 2021년 통계 기준으로 약 5억2,900만 명 정도에 달한다. 그러나 최근 미국 워싱턴대의 연구에 따르면 약 30년 후인 2050년에는 당뇨병 환자가 13억 명으로 증가할 전망이라고 한다.

또한 당뇨병 환자 대부분이 비만과 관련이 있으며, 노년층 유병률이 높고, 관리를 통해 얼마든지 예방이 가능한 2형 당뇨를 앓는 비율이 매우 높다고 한다.

우리나라의 경우 한국당뇨병학회의 2020년 통계에 따르면 당뇨병 유병률이 30세 이상 인구에서 16.7퍼센트, 65세 이상 인구에서는 무려 30.1퍼센트에 달했다. 중년에서 노년기로 접어들수록 많이 발병하지만 젊은 층에서도 전보다 많이 발병하고 있다. 이처럼 당뇨병은 한국인은 물론 세계인의 건강을 위협하고 있는 중대한 질병이다.

당뇨병은 혈당을 조절하는 인슐린이 잘 분비되지 않거나 분비되더라도 제 기능을 하지 못하여 혈중 포도당 수치가 증가함에 따라 다양한 증상을 동반하는 대사질환이다.

당뇨병에는 선천적으로 인슐린을 잘 생산하지 못하는 제1형 당뇨병과, 식습관과 생활 습관 등 후천적 요인으로 인한 제2형 당뇨병이 있다. 문제는 전 세계 당뇨병 환자 중 무려 96퍼센트가 제2형 당뇨병에 시달리고 있다는 점이다. 이는 지금도 증가 추세에 있다고 한다.

미국 워싱턴대 보건계량분석연구소(IHME) 연구팀에 의하면 후천적 질병인 2형 당뇨병의 주된 원인으로는 체질량지수(BMI) 증가였다. 비정상적인 체질량지수는 당뇨병 발병과 사망률의 절반 이상을 차지한 가장 주된 원인이며, 잘못된 식단(25.7%), 환경이나 직업적 요인(19.6%), 흡연(12.1%), 운동 부족(7.4%), 음주(1.8%) 등이 뒤를 이었다.

당뇨병은 평소 식습관을 통해 막을 수 있다

서구화된 식생활과 생활 습관이 만연한 우리나라 역시 후천적 요인으로 인한 당뇨병에 의해 중년과 노년층의 건강이 위협받고 있다. 기존의 다양한 연구에 의하면 후천적 요인으로 인한 당뇨병 발병과 악화를 멈추고 예방하려면 무엇보다 식단 조절과 적절한 운동이 중요한 것으로 알려졌다.

무엇보다 당뇨병은 체내에서 발생하는 유해산소에 의한 만성적인 염증과도 큰 연관이 있다는 점에서, 당뇨병을 미리 예방, 완화, 치료하기 위해서는 식품 섭취와 생활 습관 변화를 통해 체내 유해산소를 억제해야 한다.

부아메라 오일에 함유된 오메가 지방산과 베타크립토잔틴의 강력한 항산화, 항염, 체지방 감소 효능은 체내의 활성산소를 줄여 염증을 억제함으로써 당뇨를 예방하고 치유하는 데 큰 효과를 나타낸다. 또한 부아메라 오일은 공복 혈당을 낮추는 효과가 있어 초기단계의 당뇨의 진행을 억제하고 속도를 늦추며 궁극적으로 당뇨에서 벗어나게 하는 데 실제적인 효과를 나타내는 것으로 밝혀졌다.

부아메라의 혈관 청소 기능

심장과 심혈관이 건강하려면 동맥이 유연하고 혈중 콜레스테롤 함량이 낮게 유지되어야 한다. 혈관 내 혈류에 끈끈한 지방이 많아지고 이것이 혈관 벽에 쌓이면서 동맥을 딱딱하게 만드는 것이 동맥경화증이다. 따라서 심장병과 심혈관질환을 예방하려면 혈중 콜레스테롤이 정상 수치여야 하며, 혈관 벽에 찌꺼기가 쌓이지 않도록 식습관을 바로잡고 평소 적당한 운동량을 유지할 필요가 있다.

파푸아 원주민 부족에 대한 초창기 연구에 따르면, 부아메라를 섭취하고 살아온 부족과 무작위로 추출된 인도네시아인, 유럽인, 동북아시아 몽골인을 대상으로 한 혈액검사에서, 심혈관질환과 동맥경화증의 주요 원인이 되는 콜레스테롤(LDL)과 중성지방(Triglyceride) 수치에 있어 부아메라를 꾸준하게 섭취해온 파푸아 부족의 수치가 유의미하게 낮게 나타났음이 밝혀진 바 있다.

부아메라에서 추출한 오일 속의 풍부한 베타크립토잔틴 성분은 혈중 독소와 지방을 제거하고 혈관을 깨끗하게 정화하는 역할을 하여 혈관 청소제, 혈액 정화제로 불린다. 이는 콜레스테롤 수치를 낮추고 유지하는 데 강력한 효능이 있다. 부아메라의 항염 효과는 혈관에도 작용해 심장병과 심혈관 질환을 예방하고 병의 악화를 늦추는 데 효과적이다.

따라서 평소 꾸준히 부아메라 오일을 섭취하면 중장년기와 노년기의 당뇨, 대사질환, 심장질환 위험을 낮추고 혈관 건강 증진 효과를 보이며 혈중 독소와 지방을 깨끗이 청소할 수 있다.

6. 뇌질환 예방 및 두뇌 기능 유지

백세 시대에 접어들어 인류 역사상 노년기가 유례없이 길어지고 있다. 따라서 몸의 건강뿐만 아니라 두뇌 기능이 얼마나 정상적이고 건강하게 유지되느냐가 중노년기의 삶의 질을 좌우한다. 뇌기능이 약화된 채 생명만 유지하며 살고 싶은 사람은 아무도 없기 때문이다. 그래서 치매와 알츠하이머 등 뇌질환을 정복하기 위한 인류의 노력은 지금도 진행 중이다.

두뇌 기능과 뇌질환 예방에도 항산화 성분은 매우 중요한 역할을 한다. 뇌세포가 정상적으로 유지되고 뇌혈관이 깨끗해야 하기 때문이다.

항산화 성분과 필수지방산은 체내 유해산소를 억제하고 혈관을 청소하여 막히지 않게 한다. 이를 통해 세포가 노화되는 속도를 늦추고 세포를 재생산하는 데 도움을 주기 때문에 일반적으로 두뇌 기능을 유지하고 전두엽의 인지 기능 퇴화를 막으며 각종 뇌 관련 질병을 예방하는 데 효과적인 것으로 알려져 있다.

부아메라 오일의 뛰어난 흡수율

그런데 시중에 나와 있는 수많은 항산화 관련 식품 중에서 선택을 잘하기 위해서는 섭취한 식품의 성분이 체내에 효과적으로 흡수되는지도 함께 살펴볼 필요가 있다.

가령 아무리 성분이 좋고 필수영양소가 들어있다 하더라도 실제적인 체내 흡수율과 이용률이 낮으면 섭취 효과가 떨어질 것이다. 비타민A가 그 예로, 베타카로틴 성분은 체내에 들어갔을 때 비타민A로 변환되지만 본질적으로 지용성 성분이기 때문에 기름에 조리하여 섭취할 때 효과적이다.

하지만 베타카로틴이 함유된 채소나 과일을 생으로 섭취했을 때는 지용성 성분 때문에 흡수율이 8퍼센트까지 떨어지기도 한다. 많이 먹어도 그만큼의 항산화 효과가 덜 나타난다고 할 수 있다.

그런데 **부아메라에는 식물성 기름이 함유되어 있어 이를 대대로 섭취하며 살아왔던 원주민도 기름을 짜서 먹는 지혜를 터득했다.**
부아메라를 오일 형태로 가공해 섭취하는 경우 그 속에 든 프로비타민A를 비롯한 영양성분의 체내 흡수율이 가장 높아지게 된다.

시중에는 인공적인 가공을 통해 만든 오일 형태의 건강식품이 많지만, 이 경우 화학적인 과정으로 인한 불순물이나 부작용도 있을 수 있다. 반면 **부아메라 오일은 부아메라를 가장 천연 상태에 가깝게 섭취한다는 점에서 편리성과 흡수 효율성이 모두 높다.**

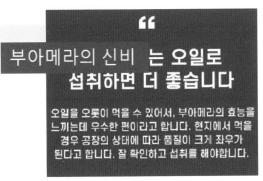

부아메라의 신비 는 오일로 섭취하면 더 좋습니다

오일을 오롯이 먹을 수 있어서, 부아메라의 효능을 느끼는데 우수한 편이라고 합니다. 현지에서 먹을 경우 공장의 상태에 따라 품질이 크게 좌우가 된다고 합니다. 잘 확인하고 섭취를 해야합니다.

출처:나무위키

산소와 열에 노출 시 쉽게 산패될 수 있어 위생적으로 개별 포장되어 있는 것을 섭취하시면 좋겠습니다.

7. 탈모 예방 및 피부 건강 유지

탈모는 본래 중년 남성들의 고민인 경우가 많았다. 그러나 오늘날에는 스트레스와 유해 환경의 만연으로 여성과 청·장년층의 탈모도 문제다.

탈모에는 모낭 자체가 파괴되어 모발 재생이 되지 않는 탈모와, 모낭이 유지되어 모발 재생이 가능한 탈모의 두 종류가 있다. 이중 요즘 많은 이들이 고통받는 원형탈모는 모낭이 유지되어 얼마든지 모발 재생이 가능한 탈모에 속하는데, 이는 자가 면역 질환의 한 종류로도 여겨진다(출처:서울대학교병원 의학정보).

탈모의 원인은 다양한데, 대개 신체적, 심리적 스트레스 등 후천적, 환경적 요인인 경우가 많다. 흡연과 간접흡연, 무리한 다이어트로 인한 영양 불균형과 호르몬 불균형, 환경오염, 면역 불균형도 주된 원인이 된다.

젊은 여성들에게서 많이 나타나는 여성 탈모의 원인은 임신, 출산, 폐경 등으로 인한 호르몬 변화 혹은 갑상선질환 등 질병 때문인 경우가 많지만, 비타민 등 영양 결핍, 약물의 부작용, 정신적 스트레스 등도 있다.

부족할 경우 피부와 두피 질환 악화

부아메라에 함유된 오메가-3 필수지방산과 비타민A 성분 등은 세포 전반에 작용하기 때문에 피부 건강은 물론 두피와 모발의 건강 및 회복에도 필수적이다.

오메가-3는 피부의 세포벽 파괴를 막고 수분을 공급해 피부 탄력을 유지하기 때문에, 각종 피부질환의 개선과 피부 건강 유지에 꼭 필요하다. 그 외에도 자외선에 의한 피부 손상 방지, 화농성 여드름 방지, 수분 보충, 노화 방지, 주름 개선 등의 작용을 한다.

피부가 심하게 건조해지거나 알레르기, 가려움, 염증이 자주 발생하거나 두피에 염증이 자주 생긴다면 필수지방산과 비타민A의 부족을 의심해볼 필요가 있다.

또한 부아메라의 비타민A 및 프로비타민A 성분은 탈모 및 두피 건강 유지 및 개선, 모발 재생, 모발 성장 촉진, 두피와 모발에 수분 보충, 모낭 감염 억제 및 감소, 손상된 모발 복구의 효과가 있다.

파푸아 지역에서 부아메라를 오랫동안 섭취하고
살아온 부족들을 연구한 부디 박사는
이 부족민들이 체력이 강하고 질병에 잘
걸리지 않을 뿐만 아니라, 염증과 관련된 질환에
걸렸을 때 부아메라를 약용으로 섭취하는
풍습이 있다는 것을 발견하였다.

5장

무엇이든 물어보세요

1. 부아메라는 과일인가요, 채소인가요?

→ 파푸아 고산지대 나무에서 열리는 과일입니다.

부아메라는 인도네시아령 파푸아 뉴기니 섬에서만 자생하는 레드 판다누스 나무에서 열리는 열매입니다. 열매의 이름은 인도네시아어로 '열매' 를 뜻하는 '부아(buah)' 와 붉은색이라는 뜻의 '메라(merah)' 가 합쳐진 말로, 붉은 열매라는 뜻입니다.

레드 판다누스 나무는 높이가 평균 16미터에 이르며, 열매도 크기가 매우 커서 평균 길이 60~120cm, 평균 지름 15~25cm, 무게는 2~3kg에서 최대 10kg에 달합니다. 생김새는 길고 타원형의 옥수수처럼 생겼으나, 과육은 숙성하면 안팎이 모두 짙은 붉은색이며 옥수수보다 그 크기가 훨씬 큽니다.

열매는 1년에 두 번 수확하며 나무 한 그루 당 4~5개 정도의 열매가 열리는데, 품종에 따라 수확 시기가 조금씩 다릅니다. 부아메라에는 총 44개의 품종이 있으며, 43종이 식용으로 사용되고, 이중에서 4~6종은 약용으로 사용됩니다.

2. 원산지가 어디인가요?

→ 인도네시아 파푸아 지역에서만 자생합니다.

판다누스는 열대성 상록 교목의 한 종류를 일컫는데, 그중 '레드 판다누스'라는 나무는 인도네시아의 파푸아 뉴기니 섬의 서쪽에 위치한 파푸아 지역의 밀림 속, 해발 2,000~3,000미터에 이르는 고산지대에서만 서식하는 희귀종입니다.

이 나무는 전 세계의 다른 열대지방에서는 발견되지 않았으며 오직 이 섬의 한 지역인 파푸아 지역에서만 자생합니다. 파푸아 뉴기니에 관광을 가면 부아메라 열매를 길거리에서 판매하기도 합니다.

3. 다른 건강기능식품과 차별점은 무엇인가요?

→ 항산화 성분인 베타크립토잔틴이 월등히 많아 폐 건강에 탁월합니다.

열대 과일로만 알았던 부아메라의 성분 분석 결과 다른 과일이나 채소에 비해 현저히 많은 항산화, 항염증 성분이 함유되어 있다는 사실이 밝혀졌습니다.

부아메라의 주요 성분은 베타크립토잔틴, 베타카로틴, 토코페롤, 불포화지방산인 오메가-3, 6, 9, 비타민A, 비타민E, 칼슘 등이 있는데, 특히 천연 항산화제이자 천연 항염증제로 불리는 베타크립토잔틴이 다른 어떤 식물보다도 많이 함유되어 있습니다.

미국 농무부(USDA)에 따르면 베타카로틴은 블랙베리의 335배, 브로콜리의 119배, 호박의 13.9배, 당근의 5.2배 함유되어 있습니다. 베타크립토잔틴은 오렌지의 76배, 귤의 22배, 파파야의 15배, 베타크립토잔틴 성분이 많기로 유명한 땅콩호박보다도 2.5배 많이 함유되어 있습니다.

이로 인해 폐암, 폐 질환, 기관지염 등 각종 호흡기 질환과 염증성 질환, 각종 암, 면역질환, 당뇨 및 대사성 질병, 골다공증, 류머티스 관절염, 뼈와 피부 건강 등에 효과가 탁월한 것으로 알려졌습니다.

평소 기관지와 폐가 약하거나 특정 질환이 있는 경우, 그리고 담배 연기나 미세먼지, 오염물질에 자주 노출되는 경우 부아메라의 베타크립토잔틴의 성분의 증상 완화 효과가 증명되었습니다. 특히 폐에 좋은 식품으로 21세기 들어 전 세계에 열풍이 불고 있습니다.

4. 부아메라, 어떻게 먹나요?

→ 생으로도, 익혀서도 먹지만 열매는 금방 상합니다.

파푸아 원주민들은 부아메라를 생으로 먹거나 잎에 싸서 쪄먹거나 오일을 착즙해서 약용으로 섭취하였습니다. 과일로 먹을 때는 씨를 제거하고 과육 부분을 먹었으며, 식재료로 먹을 때는 즙을 짜서 주식에 뿌려 먹었습니다. 씨에서 짜낸 오일은 주로 피부와 눈의 염증 치료나 체력 증진을 위해 먹었다고 합니다.

그러나 부아메라는 나무에서 수확한 후 이틀만 지나도 곰팡이가 피고 썩기 시작해 신선도가 매우 중요합니다. 따라서 수확 직후의 신선한 열매를 잘 가공하고 산패 없이 보관하는 기술력이 반드시 필요합니다.

5. 부아메라 제품, 어떤 형태가 있나요?

→ 오일 캡슐 형태가 대표적입니다.

부아메라는 열매 자체가 금방 부패하기 때문에, 열매보다는 열매를 가공한 오일 형태로 섭취할 때 효능이 가장 잘 나타나는 것으로 밝혀졌습니다. 그래서 부아메라 열매가 알려진 후 오일 형태, 오일을 캡슐로 가공한 형태, 짜먹는 스틱 형태로 만든 제품들이 대중화 되었습니다.

오일을 캡슐 형태로 가공한 제품은 부아메라의 핵심 성분의 효과를 가장 우수하게 섭취할 수 있어 권장되고 있습니다. 이러한 제품은 현지 공장의 기술력과 관리 상태에 따라 품질이 좌우될 수 있으니 잘 확인할 필요가 있습니다. 인공첨가물, 합성착색료, 감미료가 들어있지 않고 산패가 되지 않도록 꼼꼼히 가공하여 개별 포장한 제품이 좋습니다.

6. 부아메라 오일 어떻게 추출하나요?

→ 습식법, 건식법, 오일추출법 등이 있습니다.

부아메라 과실에서 오일을 추출하는 방법에는 다음과 같은 것들이 있습니다.

● **습식법**

- 적당한 크기로 절단해 과실과 목질 부분을 분리한다.

- 증기로 1시간 찐다.

- 섬유질을 제거한다.

- 물을 첨가하고 교반하며 과육과 종자를 분리 및 제거한다.

- 초음파 등 물리적 방법으로 세포벽과 세포막을 파괴한다.

- 섭씨 100도 이하의 온도에서 가열하여 오일을 용출한다.

- 정치 후 비중 0.9의 오일을 분리한다.

● **건식법**

- 적당한 크기로 절단해 과실과 목질 부분을 분리한다.

- 증기로 1시간 찐다.

- 섬유질을 제거한다.

- 물을 첨가하고 교반하며 과육과 종자를 분리 및 제거한다.

- 건조 열풍기로 건조한다.

- 건조한 과육과 종자를 분리한다.

- 착유한다.

- 원심분리기를 이용하여 오일 중의 혼입물을 제거하고 오일을 획득한다.

● **오일 추출법**

- 코코넛 오일, 참기름, 팜유 등의 트랜스지방산을 첨가하여 추출한다.

7. 적당한 섭취량은 어떻게 되나요?

→ 성분과 함량을 확인하고 권장량만 섭취하면 됩니다.

항산화물질인 베타크립토잔틴 성분은 식품으로만 얻을 수 있는데 부아메라 오일의 경우 하루 권장량 10g 이상은 섭취하지 않는 것이 좋습니다. 캡슐 형태의 제품 선택 시 건강기능식품 기준 및 일일섭취량 기준을 충족했는지를 확인하면 되며, 일반적인 건강기능식품처럼 하루 1회 1캡슐을 물과 함께 섭취하면 되므로 간편합니다.

8. 부아메라 섭취 시 주의사항은 무엇인가요?

→ 알레르기 체질은 의사와 상의하세요.

첫째, 권장 섭취량을 준수하면 됩니다. 일반적으로 오일 형태의 식품은 권장량보다 많이 섭취할 경우 소화가 잘 안 되거나, 고칼로리를 섭취하게 될 수 있으므로 필요 이상 섭취하는 것은 주의해야 합니다.

둘째, 오일 형태의 식품을 과다 섭취할 경우 간이나 신장에 무리가 갈 수 있으므로 권장량만 섭취합니다. 평소 간이나 신장에 질병이 있던 분들은 성분 확인 후 의사와 상의 후 섭취하면 됩니다.

셋째, 해산물이나 갑각류 알레르기가 있는 경우 주의해야 합니다. 그러나 오일 캡슐의 경우 권장 섭취량을 지키면 큰 문제가 되지는 않습니다.

9. 어떤 제품을 선택해야 하나요?

→ 성분과 포장, 제조 공정을 꼼꼼히 따져보고 선택하세요.

부아메라는 부패가 잘 되는 원료 과일의 특성상 현지에서 신선한 열매를 잘 가공해 산패되지 않도록 만들어야 합니다. 공장의 공정에 따라 품질이 크게 좌우가 되므로 잘 확인하고 섭취하도록 합니다. 안전한 오일 추출 방식을 사용했는지도 확인할 수 있습니다.

캡슐은 식물성 연질 캡슐이 소화도 잘 되고 온도, 습도 변화에 강합니다. 또 개별포장이 되어 있어야 오염과 산패를 방지할 수 있고, 산소나 열에 노출되어도 변질되지 않습니다. 가공시 이산화규소,

스테아린산 마그네슘, HPMC(식품첨가물의 하나), 카르복시메틸셀룰로스(식품첨가물의 하나), 합성향료, 합성착색료, 감미료가 없는 제품이 부아메라 오일 원재료의 효능을 그대로 경험할 수 있습니다.

10. 부아메라 제품 보관은 어떻게 하나요?

→ 직사광선을 피해 서늘한 곳에 보관하면 됩니다.

모든 오일 종류의 건강기능식품은 산패를 주의해야 합니다. 열과 산소에 노출되면 그때부터 산패가 되어 섭취하지 않느니만 못합니다. 따라서 유통기한을 확인하고, 직사광선과 고열에 노출되지 않도록 서늘하고 건조한 곳에 보관하는 것이 좋습니다. 구입 후에는 사용기한 안에 섭취하도록 합니다.

사례로 살펴보는 부아메라 궁금증

11. 기관지 질환에 도움 될까요?

〈사례〉

만성 천식 증상이 점점 호전되고 있어요.

(이○○, 여, 38세, 천식 및 잦은 기관지염, 만성피로, 코로나 후유증)

어릴 때부터 만성 천식이 있고 감기에 잘 걸려 늘 병원 신세도 지고 약을 달고 살았습니다. 이십 대가 되면서 조금 나아지나 싶었는데 황사나 미세먼지가 심한 날마다 기침을 자주 하더니 삼십 대가 되자 다시 천식이 심해져 천식 치료용 흡입기를 항상 소지하고 다녀야 했습니다.

코로나19가 대유행할 때 두 차례나 확진되었는데 남들보다 증상이 심했고, 완치 판정을 받고 나서도 잔기침이 끊이지 않아 오랫동안 괴로웠습니다. 약을 먹어도 그때뿐이라 여러 가지 방법을 알아보았지만 별로 소용이 없었고, 아이를 키우면서 제 몸을 챙길 겨를

이 없어 건강이 여기저기 안 좋아져 힘들었습니다.

그러다 인터넷을 검색하다 부아메라 오일에 대해 알게 되었는데, 저 같은 증상을 가진 사람에게 꼭 필요할 것 같아 반신반의하면서도 6개월간 매일 꾸준히 섭취했습니다. 그런데 확실히 전보다 기침을 덜하고, 기관지가 좁아지는 증상이 줄어들어 흡입기를 사용하는 빈도도 훨씬 줄어들었습니다.

부아메라에 폐와 기관지질환, 염증성질환에 효과 있는 성분들이 들어 있다고 하는데, 이 효과를 몸소 경험하고 나니 정말 신비한 과일이라는 생각이 들고, 저의 폐와 기관지 건강을 위해 앞으로도 꾸준히 섭취할 생각입니다.

12. 폐 질환에 효과 있을까요?

〈사례〉

기침과 가래가 줄어들었어요.

(권○○, 남, 62세, 만성 폐쇄성 폐 질환, 코로나 후유증)

40대까지 흡연과 음주를 습관적으로 하고 과로가 심했으나 건강을 별로 돌보지 못하고 살았습니다. 20대부터 담배를 하루 한 갑 정도 피웠고 특히 스트레스 받으면 더 많이 피우곤 했습니다. 그러다 40대 후반 들어서 몸 상태가 여기저기 안 좋아지고 건강검진에서도 여러 수치가 비정상으로 나와 위기의식과 경각심을 느끼게 되었지요. 그래서 여러 번 실패를 거듭하며 10년 가까운 노력 끝에 드디어 금연에 성공했고, 지금은 담배를 피우지 않고 있습니다. 운동도 열심히 하고 음주 횟수도 젊었을 때보다는 줄였습니다.

그러나 언제부턴가 기침을 자주 하고 밤에는 기도에서 쌕쌕거리는 소리가 날 뿐만 아니라 가슴에 통증이 느껴질 정도로 숨 쉬기가 힘들어질 때가 잦아졌습니다. 기침을 할 때 끈끈한 가래도 나와 몹시 고통스러웠는데 처음에는 대수롭지 않게 여겼습니다. 그러다 증상이 점점 심해져 병원에 가서 검사를 해보니 만성 폐쇄성 폐 질환이라는 진단을 받았습니다. 젊어서 담배를 많이 피운 것이 이제야 후회가 되었지만 되돌릴 수는 없었습니다.

그 후 약을 복용하고 기관지 확장제를 사용하며 치료를 지속했으나, 환절기나 독감이 유행할 때마다 조마조마하였고 특히 코로나에 걸렸을 때는 기침과 호흡곤란이 심해 응급실에 갈 정도로 증상이 악화되기도 하였습니다.

그러던 중 아들의 소개로 부아메라 오일을 먹게 되었는데 처음에는 다른 건강기능식품처럼 효과를 별로 믿지 않았습니다. 그러나 희망을 가지고 4개월 이상 매일 꾸준히 섭취를 해봤는데, 확실히 전보다 기침과 가래가 줄어들어 숨 쉬는 것이 한결 편안해지고 있음을 느낍니다. 물론 약물 치료도 꾸준히 하고 있지만 앞으로도 부아메라 섭취와 운동을 병행하며 건강 관리를 열심히 할 생각입니다.

13. 고혈압 완화에 어떤가요?

〈사례〉

혈압과 콜레스테롤 수치가 떨어졌어요.

(김OO, 46세, 여, 고혈압 환자)

40세 넘어 첫 아이를 출산하고 나서 몸이 급격히 안 좋아졌어요. 아이를 낳기 전까지는 직장생활 때문에 야근도 많이 하고 스트레스를 많이 받았는데 정작 제 몸을 돌보지는 못하고 살았습니다. 타고난 체력이 괜찮은 편이라고 생각하고 살았는데 출산을 하고 나서 밤낮 없는 육아에 지치면서 팔다리도 아프고 몸이 붓고 늘 피곤하고 신경이 예민해졌어요. 불어난 몸무게가 빠지지 않을 뿐만 아니라 늘 두통을 달고 살게 되었어요. 아이가 어린이집에 갈 수 있을 정도가 되었지만 제 몸은 원상복귀가 되지 않아 직장에 복귀하여도

하루하루가 너무 힘들었습니다. 병원에서 검진을 해보니 예전에 약간 높은 편이었던 혈압이 180 이상으로 높아져 있었고 콜레스테롤 수치도 정상 범위를 넘어 위험 신호라고 하더군요.

아무래도 건강 관리를 하지 않으면 큰일 나겠다는 생각이 들어 운동을 시작하고 이것저것 영양제와 건강보조제를 챙겨먹던 중에 친구가 부아메라 오일을 먹어보라고 추천을 해주어 섭취하게 되었습니다. 3개월간 꾸준히 섭취했더니 언제부턴가 두통이 줄고 부기와 피로감도 훨씬 완화된 느낌이 들었어요. 혈압을 재보니 이전의 180에서 121로 떨어졌고 콜레스테롤 수치도 정상 범위로 돌아와 있었습니다. 그 후 몇 달이 지난 지금도 정상 수치의 혈압을 유지하고 있는데 분명히 부아메라를 섭취한 효과가 있는 것 같습니다.

14. 염증성 피부질환에 어떤가요?

〈사례〉

화농성 여드름이 줄어들었어요.

(채OO, 26세, 남성, 성인여드름 환자)

고등학교 때부터 여드름이 났는데 성인이 되어서도 여드름이 줄지 않아 늘 고민이었습니다. 나이가 더 들면 자연스럽게 나아지겠거니 생각하고 처음엔 별로 관리를 안 했습니다. 대학생이 되고 나서는 술도 많이 마시고 고기나 자극적인 음식도 즐겨 먹게 되었어요. 그런데 여드름의 붉은 기가 날이 갈수록 심해지고 화농도 생겨 거울을 볼 때마다 신경이 쓰이고 외모에 대한 자신감이 떨어져 대인관계에서도 위축되었습니다. 군대를 가면서 술이나 자극적인 음식은 어느 정도 끊게 되었으나 제대를 하고 나서도 여드름이 심해 피부과에서 지속적으로 치료를 받아야 할 정도가 되었어요. 취업 준비도 해야 하는데 여드름 때문에 인상에도 안 좋은 영향을 주는 것 같아 스트레스가 심해졌어요.

그러다가 이모가 부아메라를 먹어보라고 권유해서 별 기대를 하지 않고 섭취하게 되었습니다. 술이나 육류를 줄이고 일부러 채소를 억지라도 먹는 등 지푸라기 잡는 심정이었습니다. 그런데 한 5개월간 섭취하면서 운동을 하고 음주와 야식을 끊는 생활을 꾸준히 했더니 언제부턴가 화농이 줄어들고 여드름으로 인한 붉은 염증 부위도 색깔이 연해지기 시작합니다. 아직 여드름이 완전히 없어진 것은 아니지만 이 정도로도 희망이 보이는 것 같아요. 당분간 부아메라를 꾸준히 섭취해볼 생각입니다.

〈말레이시아 국제 학술대회에서 발표한 부아메라 오일의 성인여드름 개선 효과〉

→ 3주에서 4달 동안 부아메라 오일을 섭취한 결과 청소년 및 성인 사례의 85퍼센트에서 여드름 개선 효과가 나타났다.

Studies in Europe
Subjects: 14 people, 15 ~ 73 years old
Taken 2~5 BM capsules daily for 3 weeks to 4 months
Improved ratio: 85% (12/14 cases)

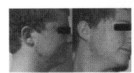

| Before | 4 weeks | | Before | 4 weeks |

Case report in Indonesia
30th Female
Taken 4~6 BM capsules daily

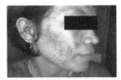
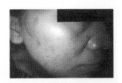

출처: 말레이시아 국제 학술대회 발표

15. 당뇨병 개선에 도움 될까요?

〈사례〉

당뇨 수치가 떨어졌어요.

(권OO, 59세, 여, 당뇨병 환자)

갱년기 이후 살이 많이 찌고 고혈압과 당뇨병 진단을 받았습니다. 규칙적으로 운동을 하고 식단 조절을 하라는 의사 선생님의 권고를 여러 번 받았지만 실천하는 것이 쉽지 않았고, 무릎이 아파서 오래 걷거나 고강도 운동을 하기도 어려웠어요. 무척 즐기던 밀가루 음식이며 좋아하던 군것질을 줄이는 것도 나름대로 큰 스트레스였어요. 주변 친구들이 다 먹는 영양제와 건강기능식품도 안 먹어본 것이 없을 정도로 섭렵해봤습니다.

그러다 한 친구가 추천해줘서 부아메라 캡슐을 섭취하기 시작했어요. 6개월이 지난 후 당 수치를 측정해보니 거의 정상 수치가 되어 있어서 의사 선생님이 깜짝 놀랄 정도였어요. 물론 식이요법을 최대한 지키려고 하고 매일 유산소운동도 병행하고 있습니다. 부아메라에 항산화 성분이 다른 건강기능식품보다 더 많이 들어있다고 하는데 그래서 그런지 전보다 몸도 한결 가벼운 느낌이고 왠지 희망이 보이는 것 같아요.

16. 원인불명의 만성피로에 효과 있나요?

〈사례〉

만성피로가 줄어들었어요.

(이○○, 47세, 남, 잦은 만성피로, 수면장애)

과로와 잦은 야근으로 늘 피로에 시달리고 주말에 잠을 몰아서 자도 피곤함이 가시지 않았습니다. 늘 피곤하다는 말을 달고 살고, 영양제와 피로회복제를 자주 먹지만 소용이 별로 없었습니다. 피곤하니까 잠을 잘 잘 것 같지만 오히려 선잠을 자다 깨는 일이 반복되었습니다. 30대까지도 술을 즐겼는데 이제는 몸이 힘들어서 전처럼 술을 마시지도 못하고 틈만 나면 쉬는데도 늘 피곤했습니다.

그런데 어느 날 아내가 부아메라라는 생소한 이름의 제품을 사와서 매일 먹어보라고 주더군요. 사실 처음에는 새로 나온 영양제려니 생각해서 정체가 뭔지도 몰랐습니다. 그런데 속는 셈 치고 석 달 동안 부아메라 오일을 매일 섭취하면서 전보다 피로감이 줄고 아침에 일어날 때 활력이 생긴 느낌이 듭니다. 저는 기분 탓이 아닌가 싶은데 아내는 효과가 있는 것 같으니 앞으로도 꾸준히 먹어보라고 하더군요. 그래서 계속 먹어볼 생각입니다.

17. 눈 건강에 효과적인가요?

〈사례〉

눈의 충혈이 줄고 맑아졌어요.

(김OO, 55세, 여, 안구건조증, 노안, 알레르기 결막염, 두통)

원래 어렸을 때부터 근시가 일찍 시작되었고 알레르기 체질 때문에 환절기만 되면 눈이 가렵고 충혈도 잘 되었습니다. 나이가 들면서 노안이 남들보다 조금 일찍 왔는데, 노안도 노안이지만 평소 눈이 잘 충혈되고 침침하고 답답한 느낌이 있었습니다. 안과에 자주 다녔지만 염증을 줄이는 안약을 넣어도 그때뿐이었습니다. 안구건조증도 있어서 인공눈물을 늘 넣고 지내지만 찬바람을 쐬면 몹시 시리고 따갑기도 했어요. 특히 황사나 미세먼지가 심한 날이면 곧바로 눈이 침침해지고 따가워지곤 합니다. 눈이 침침하고 답답함과 동시에 늘 지끈지끈한 두통도 자주 있었어요.

그런데 친구 권유로 부아메라라는 생소한 이름의 열대과일을 오일 캡슐로 넉 달간 꾸준히 섭취했는데 언제부턴가 머리도 덜 아프고 눈이 가볍고 맑은 느낌이 납니다. 눈이 맑고 두통이 줄어드니 삶의 질도 달라지는 것 같아요.

18. 혈행 개선에 효과 있을까요?

〈사례〉
혈관 건강이 개선되었어요.

(서OO, 60세, 여, 고혈압, 당뇨, 비만)

중년이 지나면서 혈관과 관련된 수치들이 전반적으로 전부 다 안좋아졌어요. 콜레스테롤 수치, 혈압, 당뇨 수치가 전부 다 정상 범위를 넘어섰고, BMI는 잴 때마다 비만 판정을 받아 체중 조절을 하라는 의사 선생님의 말을 지겹도록 들었습니다. 그러다 얼마 전 건강검진을 하게 되었는데, 검사 결과 혈관 관련 수치들이 좋아졌고 혈관 건강이 제 나이보다 젊다는 소견을 들었습니다. 예전에는 건강검진을 할 때마다 콜레스테롤 수치가 늘 높게 나오고 혈압도 높은 편이라 건강에 경고등이 켜져 있는 상태였는데, 최근 6개월간 부아메라를 섭취한 후 처음으로 받은 검진에서 콜레스테롤 수치가 정상 범위에 찍혀 있고 다른 수치도 거의 다 정상 범위로 돌아와 너무 신기했어요. 희망을 버리지 않고 계속 노력하면 건강을 회복할 수 있는 것 같아요.

19. 통증 감소 효과 어떤가요?

〈사례〉

오래 묵은 류머티즘성 관절염이 완화되고 있어요.

(안○○, 63세, 남, 류머티즘성 관절염)

나이가 들면서 생긴 고질병인 류머티즘성 관절염 때문에 항상 피로감도 심하고 손가락 관절과 무릎에 통증이 심해 걷는 것과 활동하는 것도 힘들어 항상 약을 달고 살았습니다. 통증과 피로 때문에 전반적으로 생활이 불편하고 마음도 우울하고 가족들에게 신경질도 잘 내게 되어 마음이 편치 않았습니다.

그런데 딸이 사다 준 부아메라를 꾸준히 섭취하고 나서 전보다 통증이 감소해 걷는 것이 덜 힘들고 어딘지 삶의 질이 나아진 느낌이 들어요. 요즘에는 한 시간 정도 천천히 산책하는 것도 크게 무리가 가지 않아 전보다 컨디션이 나아진 기분이 듭니다. 앞으로도 꾸준히 섭취해볼 생각입니다.

20. 탈모에 효과 있을까요?

〈사례〉

탈모가 줄어들었어요.

(류○○, 37세, 여, 여성탈모, 만성피로, 피부질환)

직장에서 업무와 대인관계 때문에 받는 스트레스로 인해 언제부턴가 머리카락이 많이 빠지는가 싶더니 한 움큼씩 빠지고 머리 감고 나면 하수구에 머리카락이 많이 빠져 있어 스트레스를 더 받았어요. 스트레스성 원형 탈모 진단을 받았는데 직장을 당장 그만둘 수도 없고 탈모에 좋다는 약도 먹어보고 샴푸도 바꾸고 해봤는데 개선이 잘 안 되어 고민이 컸습니다. 아직 젊은 나이인데 머리가 많이 빠지니 아무리 드라이를 신경 써서 해도 초라해 보였습니다. 또 피부도 급격히 안 좋아져서, 20대 때는 기름종이가 반드시 필요할 정도로 피부 자체가 지성에 가까웠는데 언제부턴가 피부가 너무 건조해지고 여기저기 가려움증도 심해졌습니다.

그러던 중 친구가 부아메라를 먹고 만성피로가 많이 나아졌다는 이야기를 해주어 솔깃해서 시험 삼아 몇 달 먹어보았는데, 먹기 전과 비교할 때 머리카락 빠지는 정도가 확실히 줄어들고 하수구에 떨어진 머리카락 양도 줄어들기 시작했습니다. 아직 더 먹어봐야 알겠지만 효과가 있는 것 같아 앞으로도 꾸준히 섭취해볼 생각입니다.

〈말레이시아 국제 학술대회에서 발표한 부아메라 오일의 탈모 감소 효과〉

→ 탈모가 있는 성인 남성 16명에게 3개월간 부아메라 오일을
   섭취하게 한 결과 66퍼센트에서 탈모 개선 효과가 나타났다.

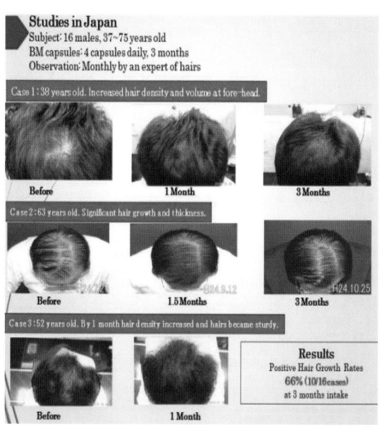

출처: 말레이시아 국제 학술대회 발표

참고 도서 및 방송

건강기능식품학/송봉준 외 3인/모아북스
몸에 좋다는 영양제/ 송봉준/모아북스
백세호흡/노진섭/교보문고
염증 제로 습관 50/이마이 가즈아키/시그마북스
노화와 질병/레이 커즈와일, 테리 그로스만/이미지박스
망고스틴의 자연기적/이석진, 김종근, 임동석/행정경영자료사
슈퍼 이팅/이안 마버/예문당
컬러 다이어트/데이빗 히버/푸른솔
방송사/MBN/엄지의 제왕

연구논문

- 인도네시아 국제 학술 컨퍼런스
  - Buah Merah (Pandanus conoideus Lam.) from Indonesian herbal medicine induced apoptosis on human cervical cancer cell lines/Achadiani ; Sastramihardja, H. ; Akbar, I. B. ; Hernowo, B. S. ; Faried, A. ; Kuwano, H./ELSEVIER SCIENCE B V AMSTERDAM
  - Red fruit (Pandanus conoideus Lam) oil stimulates nitric oxide production and reduces oxidative stress in endothelial cells/Xia, Ning ; Schirra, Christian ; Hasselwander, Solveig ; F?rstermann, Ulrich ; Li, Huige/ELSEVIER SCIENCE B.V.; AMSTERDAM
  - Characterization of red fruit (Pandanus conoideus Lam) oil/Rohman, A. ; Sugeng, R. ; Che Man, Y.B./Faculty of Food Science and Technology
  - Cytotoxicity of red fruit ethyl acetate extract (Pandanus conoideus lam.) on squamous cell carcinoma cell line (HSC-3)/Rahmawati, Dicha ; Anggraini, Wita ; Djamil, Melanie/Medknow
  - Carotenoid composition in buah merah (Pandanus conoideus Lam.), an indigenous red fruit of the Papua Islands/Gunawan, Indra Ajie ; Fujii, Ritsuko ; Maoka, Takashi ; Shioi, Yuzo ; Kameubun, Konstantina Maria Brigita ; Limantara, Leenawaty ; Brotosudarmo, Tatas Hardo Panintingjati/Elsevier Science B.V., Amsterdam
  - Potential utilization of liquid smoke Pandanus conoideus as a natural preservative of fish during storage/Dewi, Fransisca Christina ; Tuhuteru, Sumiyati ; Aladin, Andi ; Yani, Setiyawati/AIP American Institute of Physics
  - Authentication Analysis of Red Fruit (Pandanus Conoideus Lam) Oil Using FTIR Spectroscopy in Combination with Chemometrics/Rohman, A. ; Che Man, Y. B. ; Riyanto, S./John Wiley & Sons, Ltd
  - Growth Performance, Carcass Characteristics and Quality Responses of Broiler Fed Red Fruit (Pandanus conoideus) Waste/Rahayu HS, I. ; Yuanita, I. ; Mutia, R. ; Alimon, A.R. ; Sukemori, S./TOKYO UNIVERSITY OF AGRICULTURE

당신이 생각한 마음까지도 담아 내겠습니다!!

책은 특별한 사람만이 쓰고 만들어 내는 것이 아닙니다.
원하는 책은 기획에서 원고 작성, 편집은 물론,
표지 디자인까지 전문가의 손길을 거쳐
완벽하게 만들어 드립니다.
마음 가득 책 한 권 만드는 일이 꿈이었다면
그 꿈에 과감히 도전하십시오!

업무에 필요한 성공적인 비즈니스뿐만 아니라 성공적인 사업을 하기 위한
자기계발, 동기부여, 자서전적인 책까지도 함께 기획하여 만들어 드립니다.
함께 길을 만들어 성공적인 삶을 한 걸음 앞당기십시오!

도서출판 모아북스에서는 책 만드는 일에 대한 고민을 해결해 드립니다!

모아북스에서 책을 만들면 아주 좋은 점이란?

1. 전국 서점과 인터넷 서점을 동시에 직거래하기 때문에 책이 출간되자마자 온라인, 오프라인 상에 책이 동시에 배포되며 수십 년 노하우를 지닌 전문적인 영업마케팅 담당자에 의해 판매부수가 늘고 책이 판매되는 만큼의 저자에게 인세를 지급해 드립니다.

2. 책을 만드는 전문 출판사로 한 권의 책을 만들어도 부끄럽지 않게 최선을 다하며 전국 서점에 베스트셀러, 스테디셀러로 꾸준히 자리하는 책이 많은 출판사로 널리 알려져 있으며, 분야별 전문적인 시스템을 갖추고 있기 때문에 원하는 시간에 원하는 책을 한 치의 오차 없이 만들어 드립니다.

기업홍보용 도서, 개인회고록, 자서전, 정치에세이, 경제 · 경영 · 인문 · 건강도서

모아북스
MOABOOKS

부아메라의 기적

초판 1쇄 인쇄 2023년 10월 23일
1쇄 발행 2023년 10월 25일

지은이 송봉준
발행인 이용길
발행처 **MOABOOKS 모아북스**

총괄 정윤상
편집장 김이수
관리 양성인
디자인 이룸

출판등록번호 제 10-1857호
등록일자 1999. 11. 15
등록된 곳 경기도 고양시 일산동구 호수로(백석동) 358-25 동문타워 2차 519호
대표 전화 0505-627-9784
팩스 031-902-5236
홈페이지 www.moabooks.com
이메일 moabooks@hanmail.net
ISBN 979-11-5849-219-9 03570